U0186333

再制造性工程

姚巨坤　朱　胜　崔培枝　王晓明　著

机械工业出版社

再制造性是表征产品再制造能力的本质属性，直接影响着再制造效益。本书系统阐述了再制造性的基本概念和再制造性工程分析方法，论述了再制造性设计指标、设计流程和设计方法，提出了再制造升级性设计与评价方法，描述了制造和使用过程中的再制造性控制及管理，介绍了易于提升再制造性的再制造工程设计等内容，详细构建了再制造性工程体系，对于开展再制造性的工程实践和技术研究都具有积极的参考作用。

本书可作为再制造、维修、产品设计、资源化等领域从业人员的参考书，也可作为再制造企业或相关主管部门进行再制造学习或培训的教材或参考书。

图书在版编目（CIP）数据

再制造性工程/姚巨坤等著 . —北京：机械工业出版社，2020. 8
（2022. 1 重印）
ISBN 978-7-111-65714-9

Ⅰ.①再…　Ⅱ.①姚…　Ⅲ.①制造工业—再生资源—资源利用—研究
Ⅳ.①T

中国版本图书馆 CIP 数据核字（2020）第 089900 号

机械工业出版社（北京市百万庄大街 22 号　邮政编码 100037）
策划编辑：吕德齐　责任编辑：吕德齐　章承林
责任校对：张　力　封面设计：马精明
责任印制：单爱军
北京虎彩文化传播有限公司印刷
2022 年 1 月第 1 版第 2 次印刷
184mm×260mm·11. 25 印张·278 千字
标准书号：ISBN 978-7-111-65714-9
定价：79. 00 元

电话服务　　　　　　　　　网络服务
客服电话：010-88361066　　机 工 官 网：www.cmpbook.com
　　　　　010-88379833　　机 工 官 博：weibo.com/cmp1952
　　　　　010-68326294　　金 书 网：www.golden-book.com
封底无防伪标均为盗版　　　机工教育服务网：www.cmpedu.com

前　言

在产品的全寿命周期中，不但要考虑产品本身的功能，通常还需要考虑产品寿命末端时的处理或资源利用方式，因此在产品设计时，除了要考虑面向使用阶段的产品的可靠性、维修性、保障性以及安全性等之外，还应该考虑产品在寿命末端时的再制造性，即如何在寿命末端得到资源的最佳循环使用。废旧产品的再制造性是决定其能否进行再制造的前提，是再制造基础理论研究中的首要问题。再制造性是产品再制造最为重要的特性，是直接表征产品再制造能力大小的本质属性，属于绿色设计的重要内容。

再制造性作为综合多学科知识的一项系统工程，它是以多寿命、资源化和绿色化等观点为指导，对产品再制造性的设计、维护和评价进行全程科学管理。再制造性工程的功能在于实现设计特性、再制造方案和再制造保障资源等因素的合理组合，以便以最少的寿命周期费用达到使用要求中规定的再制造性水平。

建立再制造性工程理论体系及设计、实施、评价方法等，对于提升产品的再制造性具有积极意义。本书是依托再制造技术国家重点实验室，结合作者团队在再制造性领域多年研究经验与成果撰写而成。

本书共9章，系统阐述了再制造性的基本概念、工程基础、设计基础、设计流程、设计方法、升级性设计、评价方法、控制及管理、工程设计等内容，详细阐述了再制造性的基础内容与技术方法，并对再制造工程设计进行了初步介绍，对于开展再制造性的工程实践和技术研究都具有积极的参考作用。

本书由姚巨坤教授、朱胜教授、崔培枝讲师、王晓明副研究员撰写，杜文博、周克兵、韩冰源、徐瑶瑶、周新远、刘玉项等参与了部分章节的整理工作。同时，在本书写作过程中，部分内容参考了合肥工业大学、清华大学、重庆大学等同行学者的著作、论文等的成果，在此谨向各位作者致以诚挚的谢意，并对其在再制造设计领域所做出的深入研究表示由衷的敬佩！

本书的研究与出版得到国家社科基金（18BGL293）和再制造技术国家重点实验室支持，特此表示感谢！再制造工程领域涉及内容丰富，发展迅速，再制造性设计属于全新领域。本书只是对作者在再制造性设计领域的探索进行了较系统的总结，旨在为进一步的研究提供参考。由于作者水平有限，书中不成熟或不足之处在所难免，衷心希望得到读者的指正，共同推进从产品设计的源头提升产品再制造能力的工作，促进再制造产业的发展，支持国家的绿色发展战略。

作　者

目　录

第 1 章

绪　　论

进入 21 世纪以来，我国国民经济高速增长，经济总量已跃居世界第二，但同时也付出了沉重的资源、环境代价，高消耗、高污染的经济发展模式已难以为继。为应对日益严峻的资源与环境问题，国家先后推出了建设生态文明社会、促进循环经济发展、开展绿色制造的重大规划。再制造是实现循环经济"减量化、再利用、资源化"的重要途径，是绿色制造的重要内容，是实现废旧机电产品再生利用、延长使用寿命的高级形式，能够显著节约成本、节能、节材并减少环境污染，促进生态文明。产品能否再制造，主要由产品的再制造性来决定，因此再制造性也直接影响着再制造效益和能力，是再制造工程的重要内容。

1.1　基本概念

1.1.1　再制造工程

再制造是指对再制造毛坯进行专业化修复或升级改造，使其质量特性不低于原型新品水平的过程[1]。再制造是制造产业链的延伸，也是先进制造和绿色制造的重要组成部分。再制造产品在功能、技术性能、绿色性、经济性等质量特性方面不低于原型新品，而成本仅是新品的 50% 左右，可实现节能 60%、节材 70%、污染物排放量降低 80%，经济效益、社会效益和生态效益显著[2]。再制造工程包括以下两个主要部分：

（1）再制造恢复加工　主要针对达到物理寿命和经济寿命而报废的产品，在失效分析和寿命评估的基础上，把有剩余寿命的废旧零部件作为再制造毛坯，采用表面工程等先进技术进行加工，使其性能恢复到新品。

（2）再制造升级　主要针对已达到技术寿命的产品，或是不符合可持续发展要求的产品，通过技术改造、局部更新，特别是通过使用新材料、新技术、新工艺等，来提升产品功能或性能、延长使用寿命、减少环境污染，从而满足市场需求。

再制造工程包括对废旧（报废或过时）产品的修复或改造，是产品全寿命周期中的重要内容，存在于产品全寿命周期中的每一个阶段，并都占据了重要地位，发挥着重要作用，如图 1-1 所示。

近年来，再制造产业快速发展，再制造关键技术研发取得了重要突破，逐步形成以寿命评估技术、复合表面工程技术、纳米表面技术和自动化表面技术为核心的再制造关键技术群。再制造产业符合"科技含量高、经济效益好、资源消耗低、环境污染少"的新型工业化特点，发展再制造产业有利于形成新的经济增长点，将成为"中国制造"升级转型的重

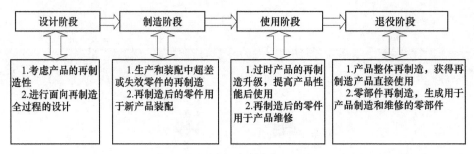

图 1-1　再制造在产品全寿命周期中的活动内容[3]

要突破。未来几年，在政策支持与市场发展的双重推动下，在军民融合背景的支持下，再制造工程将主要向"绿色、优质、高效、智能、服务"五大方向发展，并在军民双方都产生巨大效益。

1.1.2　再制造设计

再制造设计是指根据再制造产品要求，通过运用科学决策方法和先进技术，对再制造工程中的废旧产品回收、再制造生产及再制造产品市场营销等所有生产环节、技术单元和资源利用进行全面规划，最终形成最优化再制造方案的过程[4,5]。产品再制造设计主要研究对废旧产品再制造系统（包括技术、设备、人员）的功能、组成、建立及运行规律的设计；研究产品设计阶段的再制造性等。其主要目的是应用全系统全寿命周期的观点，采用现代科学技术的方法和手段，使产品具有良好的再制造性，并优化再制造保障的总体设计、宏观管理及工程应用，促进再制造保障各系统之间达到最佳匹配与协调，以实现及时、高效、经济和环保的再制造生产。再制造设计是实现废旧产品再制造保障的重要内容。

根据产品全寿命周期中再制造的地位、作用及对再制造三个主要阶段（废旧产品回收、再制造生产加工和再制造产品营销）的划分，可以将再制造设计分为新品再制造性设计、废旧产品回收设计、再制造加工设计和再制造产品市场设计四个方面。其中，新品再制造性设计是提升再制造能力的重要手段，获取再制造毛坯的废旧产品回收设计是再制造实施的基础，形成再制造产品的再制造加工设计是再制造生产的关键，获得利润的再制造产品市场设计则是再制造发展的动力，如图 1-2 所示。面向再制造全过程的再制造设计所包含的内容中，面向再制造生产阶段的设计是再制造设计的核心内容，直接关系到再制造产品的质量和企业效益。

再制造设计作为一项综合的工程技术方法，其基本任务是：以全系统、全寿命、全费用、绿色化观点为指导，对再制造全过程实施科学管理和工程设计。具体来说，其主要任务是：

1）论证并确定有关再制造的产品设计特性要求，使产品退役后易于进行再制造。

2）进行再制造工程设计内容分析，确定并优化产品再制造方案。

3）进行再制造保障系统的总体设计，确定与优化再制造工作及再制造保障资源。

4）进行再制造生产工艺及技术设计，实现再制造的综合效益最大化。

5）对再制造活动各项管理工作进行综合设计，不断使再制造工程管理科学化。

6）进行再制造应用实例分析，收集与分析产品再制造信息，为面向再制造全过程的综

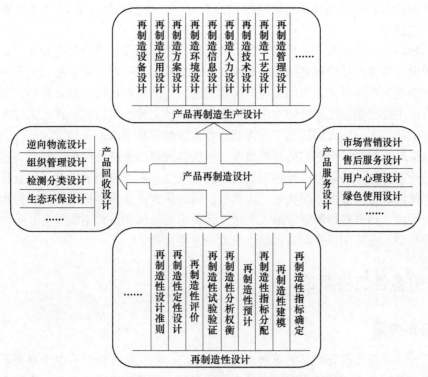

图 1-2 面向全寿命周期的产品再制造设计内容[6]

合再制造设计提供依据。

再制造设计的总目标是：通过影响产品设计和制造，在产品使用过程中正确维护产品的再制造性，使得产品在退役后具备良好的再制造能力，便于再制造时获取最大的经济和环境效益；及时提供并不断改进和完善再制造保障系统，使其与产品再制造相匹配，有效而经济地生产运行；不断根据需要设计并优化再制造技术，增加再制造产品的种类及效益。再制造设计的根本目的是高品质地实现退役产品的高效益多寿命周期使用，减少产品全生命周期的资源消耗和环境污染，提供产品最大化的经济效益和社会效益，为社会的可持续发展提供有效技术保障。

1.1.3 再制造性

产品本身的属性除可靠性、维修性、保障性以及安全性、可拆解性、装配性等之外，还包括再制造性。再制造性（remanufacturability）是与产品再制造最为密切的特性，是直接表征产品再制造价值大小的本质属性。再制造性由产品设计所赋予，可进行定量和定性描述。产品的再制造性好，再制造的费用就低，再制造所用时间就少，再制造产品的性能就好，对节能、节材、环境保护贡献就大。总体而言，面向再制造的产品设计是实现可持续发展的产品设计的重要组成部分，并将成为新产品设计的重要内容。

废旧产品的再制造性是决定其能否进行再制造的前提，是再制造基础理论研究中的首要问题。再制造性是产品设计赋予的，是表征其再制造的简便、经济和迅速程度的一个重要的产品特性。再制造性的定义为：废旧产品在规定的条件下和规定的费用内，按规定的程序和方法进行再制造时，恢复或升级到规定性能的能力[7]。再制造性是通过设计过程赋予产品的一种固有的属性。

产品的再制造性是反映产品再制造能力的属性，是绿色设计的重要内容，但目前产品设计中大多数没有考虑产品的再制造性或升级性，这造成了产品在寿命末端时的再制造率和效益较低，再制造生产难度大，再制造后产品功能落后。同时在传统产品设计中，再制造性设计与评价目前主要采用定性评价的方法，缺乏必要的量化评价手段和一体化设计方法。国外学者从再制造的工艺过程方面提出了对再制造性定量的评估方法。

再制造性是影响产品再制造的重要属性，但因其表现出来的性能设计与再制造之间的时间跨度、设计指标的不确定性以及再制造技术的发展性，都为再制造性设计与量化评价带来了难题，也使传统再制造方式面临着巨大挑战。通过研究产品再制造性特征，构建再制造性设计与评价手段，形成将再制造性融入其他设计要求的一体化设计系统平台，来促进再制造性设计与评价的工程应用，是促进再制造发展的重要机遇。

1.2 再制造性工程概论

1.2.1 基本内涵

再制造性工程是以研究产品的再制造属性为核心，但又与传统的再制造研究不同，它关心的问题不仅是产品退役后所表现出来的再制造问题，而且更重要的是关心全寿命过程中与再制造相关的问题，强调从全系统的角度来认识与再制造相关的各种属性，从而全面、系统、协调地解决再制造的问题。因此与再制造工程一样，全系统、全寿命的观点也是再制造性工程的基本观点。

再制造性工程是研究为提高产品在寿命末端的再制造性而在产品设计、生产、使用和再制造过程中所进行的各项工程技术和管理活动的总称[8]。再制造性工程是再制造工程的一个分支专业，它包含了为达到系统的再制造性要求所完成的一系列设计、研制、生产、维护和评估工作。按照系统工程的观点，这些工作形成了一个关于再制造性的专业系统工程，即再制造性工程。就研究内容来说，再制造性工程将系统分析、设计评价、技术预估、资源利用、环境保护、寿命周期费用等知识相结合，使产品在设计、使用、再制造中将再制造性各方面考虑得更为成熟，实现产品末端的最佳化再制造方案，是一门专门从事再制造性论证、设计、维护、评价的工程技术学科。

作为一门学科的再制造性工程，其定义中的要点是：

1) 研究的范围包括与产品再制造相关的属性（如再制造性、维修性、测试性、可拆解性等）以及影响这些产品属性的相关因素（如人员要素、模块化要素、标准化要素等）。

2) 研究的目的是以可以接受的经济或环境代价，使产品退役后获得最大经济、环境和技术效益的再制造的属性。

3) 研究的对象是使产品获得便于再制造的属性的技术方法与管理活动。

4) 研究的内容包含在产品的全寿命过程之中，主要包含在以下三个阶段中。

① 再制造性设计阶段，即在产品设计中考虑产品在寿命末端时易于再制造的能力，其主要内容是研究如何把再制造性设计到产品中去，并以合适的制造工艺和完善的质量管理及

检验来保证产品的再制造性，用周密设计的再制造性试验来证实和评定再制造性，以保证产品具有较高的固有再制造性。

② 再制造性维护阶段，即在产品使用中通过正确操作来维持产品的再制造性，主要考虑在正常使用中如何才能保持产品在退役时的最大再制造性，并通过相关数据的采集来促进产品的再制造性设计和评价。

③ 再制造性评估阶段，即在产品报废后对废旧产品的再制造性进行评价，其主要职责是对寿命末端产品再制造的经济性、工艺性、环境性和服役性等进行综合评价，寻求产品的最优化的再制造技术方案。

这三个阶段通过信息的交互互相补充。再制造性设计为再制造性维护提供方案，同时为再制造性评估提供参考依据；再制造性维护可以为再制造性设计提供依据并为再制造性评估提供保证；再制造性评估可以为再制造性设计提供有效的技术手段和信息支持，并对再制造性维护提供具体技术要求。

1.2.2 再制造性工程的任务

再制造性工程作为综合多学科知识的一项系统工程，其基本任务是：以多寿命、资源化和绿色化等观点为指导，对产品再制造性的设计、维护和评价进行全程科学管理。再制造性工程的功能在于实现设计特性、再制造方案和再制造保障资源等因素的合理组合，以便以最少的寿命周期费用达到使用要求中规定的再制造性水平。再制造性工程的主要任务是：

1）通过再制造性设计，赋予产品最大的再制造性，使在寿命末端的产品易于再制造，减少再制造时间和费用。

2）通过再制造性评价，确定出最优化（经济收益最大、再制造产品性能最优和环境污染最小）的再制造工艺方案，指导废旧产品的再制造加工，满足社会需求。

3）收集与分析产品再制造性信息，为产品设计、改进及完善再制造性体系提供依据。

4）通过再制造性评估，确定进行再制造所需要的保障资源，据此确定再制造费用和制订再制造计划。

5）为开发新的可再制造产品种类提供经费预估和技术决策。

1.2.3 再制造性工程的目标

再制造性工程的总目标是：通过影响产品设计和制造，使所得到的产品具有良好的再制造性；在使用过程中正确维护产品再制造性；在再制造前，正确评估在寿命末端的产品及其零部件的再制造性，形成最佳的再制造方案。

产品再制造性工程的根本目的是提高废旧产品的再制造能力，减少产品全寿命周期费用，实现资源的最大化循环利用，降低产品全寿命周期的环境污染，为社会的持续发展战略提供技术支持。

1.2.4 再制造性工程的内容

在产品设计、生产、使用和再制造中，再制造性工程的内容一般包括再制造性的监督与控制、再制造性的设计与验证、再制造性的维护与评价三个方面。

1. 再制造性的监督与控制

该部分属于再制造性的管理性工作，主要指：制订再制造性工作计划；对研制方、使用方的监督与控制；再制造性工作的评审；建立信息数据采集、分析与改进措施系统等内容。

2. 再制造性的设计与验证

该部分的工作是把再制造性设计到产品中并检验再制造性是否达标，是实现产品具备较高再制造性要求的核心和关键，它包括：再制造性定性要求、建立再制造性模型、再制造性指标确定、再制造性分配、再制造性信息收集、故障模式和再制造方案分析、再制造性预测、再制造性分析、再制造性试验与评定、再制造性设计准则、再制造性的环境评价等内容。

3. 再制造性的维护与评价

该部分的研究工作是指在产品使用中如何保持产品设计中所赋予的固有再制造性，并对在寿命末端的产品再制造前进行使用再制造性评估，主要包括：产品使用过程中的再制造性维护和增长、寿命末端产品再制造性能力评估、再制造性信息反馈等内容。

1.3　再制造性与其他专业的关系

再制造性作为再制造学科体系中的重要分支之一，同本体系中的其他学科专业有着密切关系，彼此之间相互渗透、相互补充，构成相辅相成的有机整体，支持产品属性的设计、使用与退役后的再制造活动。与再制造性相关的学科专业主要有再制造、再制造技术、装备维修、维修性、可靠性、测试性、绿色设计等。

1. 再制造性与再制造的关系

再制造主要是指以全系统全寿命的观点和整体优化的思想，以现代管理和分析权衡的手段，采用先进的再制造技术，来实现退役产品的最大经济价值、环境效益的再利用。再制造性是再制造的重要分支，是影响产品再制造能力的重要内容，也是产品再制造中需要重点考虑的内容。在产品的论证与研制阶段，要确定再制造保障的概念、准则和技术要求，影响或指导产品的再制造性设计和再制造保障系统的建立。而再制造性通过论证、设计、试验和评价，赋予装备优良的再制造能力，使产品在寿命末端时能够采用最优化再制造方法，实现高效益的再制造。

2. 再制造性与再制造技术的关系

再制造技术是再制造学科体系中的主干内容，主要研究不同原因退役产品再制造的方法、技术和手段，其中包括拆解技术、清洗技术、检测技术、表面技术及机械加工技术等内容，特别是信息技术和环境技术的快速发展，促进了虚拟再制造、柔性再制造、信息化再制造、清洁再制造等技术的发展及应用，以实现经济、环保、高效的再制造生产。同样，能够采用高效、经济、环保的再制造技术进行加工的产品及其零部件，也具备较好的再制造性。反之，再制造性较好的零部件，能够易于采用再制造技术进行恢复。因此在研究再制造性的设计及评估时，必须注意再制造技术手段等条件，通过适当的再制造技术手段的改进和发展来提高废旧产品的再制造性。

3. 再制造性与维修的关系

维修是指实现故障产品性能恢复的过程。一般来讲，易于维修的产品其可拆解性、标准化、模块化等程度都比较高，而这些要素也都是再制造性定性要求的重要内容，因此易于维修的产品，其退役后的再制造能力也比较好，即再制造性好。可见，维修与再制造性关系密切。

4. 再制造性与可靠性、维修性、测试性的关系

可靠性、维修性、测试性与再制造性是正相关的关系。四者都主要是产品设计过程中所要保证的产品属性，只是四者所保障的目标不同，但相互补充，相互联系，维修性、可靠性和测试性好的产品一般再制造性都会好。而且四者都需要通过数据的统计分析来得出产品设计、使用、维修与再制造规律，具有共同的方法和数学研究基础，如分析手段、抽样检验及统计方法等。

5. 再制造性与绿色设计的关系

绿色设计是一门研究如何在产品生产和社会生活中降低资源消耗，以及减少和控制环境污染的系统工程。而再制造性的目的是实现退役产品再制造后的最大化再利用，减少资源消耗，降低环境污染，实现可持续发展。因此再制造性是绿色设计的重要内容和实现手段，与绿色设计及绿色制造具有共同的目标，都是在满足人类生活需求的情况下，尽量地减少资源消耗和环境污染，属于环境工程的组成部分。

1.4 再制造性工程现状与发展

1.4.1 再制造设计发展现状

1. 国内再制造设计的研究现状

为了提高产品在寿命末端时的再制造能力，国内外在再制造设计领域进行了大量的研究。我国再制造技术国家重点实验室最早在国内开展了再制造设计领域的研究，于2005年完成了我国第一个再制造设计领域的国家自然科学基金项目《再制造设计基础与方法》，系统提出了再制造设计及再制造性的概念和内涵，建立了面向产品设计的再制造性设计方法及面向生产过程的再制造设计内容，并撰写了《再制造设计理论及应用》，系统构建了再制造设计理论体系及应用内容，建立了再制造性设计与评价方法，编写并发布了《机械产品再制造工程设计 导则》（GB/T 35980—2018）。

我国相关院所学者也在再制造设计理论及方法领域开展了研究，并取得了积极的成果。合肥工业大学刘光复教授、刘志峰教授及刘涛博士，将产品设计信息参数与再制造性进行关联分析，提取关键设计参数，建立与再制造性的映射关系；通过调控再制造关键设计参数反馈到设计方案，并进一步针对产品失效后被动再制造的现状，提出了面向主动再制造的可持续设计概念，分别从主动再制造设计信息模型、设计参数映射及优化、设计冲突消解及反馈等方面阐述了主动再制造设计流程，对主动再制造设计参数到再制造特征的映射机制、约束条件下，不同再制造设计目标冲突协调和转化等关键问题进行了探讨，形成主动再制造设计框架[9,10]。重庆大学刘飞教授和曹华军教授在绿色制造研究的基础上，进一步针对机床数控化再制造的设计与技术应用开展了系列研究，推动了机床数控化产业的发展[11]。清华大学等单位的相关学者也在绿色设计或再制造领域开展了相应的研究。

2. 国外再制造设计研究现状

国外在再制造设计领域开展了不同方向的研究。H. C. Haynsworth 等人在1987年就提出要在产品设计时考虑产品易于再制造[12]。Erik Sundin 在其学位论文《易于再制造的产品和工艺设计》中，将再制造设计作为生态设计的一部分，对易于产品再制造的拆解、清洗、分类等再制造工艺过程进行了分析，提出了易于再制造的改进方法[13]。Geraldo Ferrer 研究提出了面向再制造过程的设计框架，给出了再循环性、可拆解性、再使用性等设计方法[14]。Nasr 和 Thurston 将再制造设计分为两个层面，一是产品策略层面，二是产品工程层面。Hatcher 综述了再制造设计领域的研究成果，并指出再制造设计的目标是提高产品的再制造性[15]。Bert Bras 和 Mark McIntosh 对再制造设计中的产品、工艺、组织等领域的研究成果进行了综述，指出了再制造设计中的热点研究领域[16]。Gray 和 Charter 认为再制造设计能够提升再制造工艺的效益和商业模式，并提升企业竞争力[17]。

1.4.2 再制造性研究现状

1. 国内再制造性研究现状

再制造性作为再制造设计的重要领域，一直受到国内外学者和业界的关注。我国学者也在再制造性领域开展了大量研究。本书作者较系统地研究了再制造性的内涵及设计方法，并构建了再制造性工程内容体系[18-20]。张国庆等在产品可装配性评估方法和模型的基础上，发展了产品可再制造性评价的模型，并对汽车发动机的再制造性进行了评价[21,22]。钟俊杰以基于装配的设计和现有两种再制造的评估方法为基础，提出了一种产品再制造性综合评价体系[23]。王玉岭等对机械产品全生命周期再制造性评估进行了研究，并构建了再制造性评估模型[24]。刘涛等研究提出了一种基于模糊综合评价的系统再制造性分配方法，通过综合考虑多重评价指标，建立了系统再制造性分配模型[25]。我国已经发布了《机械产品再制造性评价技术规范》（GB/T 32811—2016）。

2. 国外再制造性研究现状

国外学者在再制造性领域开展了广泛的研究，提出可以用如下七条标准来评估产品的再制造性[26]：①产品是耐用商品；②产品属功能性报废；③产品是按标准化要求生产的；④报废产品残余附加值高；⑤获得报废产品成本较低；⑥产品的技术稳定；⑦消费者了解这种再制造产品。这七条标准主要评估已经大量生产、已损坏或报废产品的再制造性，这些产品在设计时一般没有考虑再制造的要求。目前这七条标准没有定量指标，主要依靠评估者的经验以定性评估的方式进行。Bras 等学者[27,28]从产品设计的角度考虑产品的再制造性，他们从再制造的工艺过程，即拆卸、清洗、检测、修复或更换、再装配和测试等方面提出了对再制造性定量的评估方法，以此衡量和评估产品再制造设计特性，并指导设计。再制造性指数评价模型框图如图 1-3 所示，该模型只适合于产品设计具体化以后，而且没有考虑经济和环境等影响因素，具有一定的缺陷。

国外主要是围绕产品再制造生产效益，针对局部易于再制造能力的提升，对再制造性设计要求与评价进行了一些定性化的描述，对再制造设计领域进行研究，尚没有形成系统的再制造性设计方法体系。

1.4.3 再制造性工程的发展

为了推进再制造性设计工作的发展，需要从以下几个方面开展工作[29]。

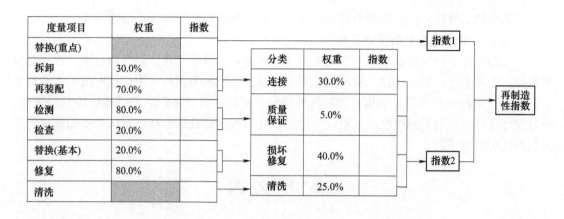

图 1-3 再制造性指数评价模型框图[27]

1. 加强对再制造性的宣传

再制造性是再制造工程和绿色设计的重要分支和组成部分，对再制造和绿色制造的效益具有显著的影响作用，经过再制造性设计的产品能够明显提高再制造效率，实现资源的最大化利用、环境的最大化保护和费用的最大化节约。而且随着建设资源节约型、环境友好型和谐社会的发展，开展再制造性工程，可以从产品源头支持废旧产品的最佳方式再制造，为实现人、环境、社会的和谐发展提供技术支撑。因此大力开展再制造性工程的宣传，可以使产品设计、生产、使用和再制造部门都重视产品再制造性，转变观念，加强再制造性在实际产品中的应用。

2. 开展再制造性工程的理论及技术研究

除针对产品类型开展的研究外，还要鼓励各有关院校、研究所、制造及再制造企业重点研究再制造性工程中的理论基础及关键技术问题。例如：再制造性参数与指标的确定；再制造性分配与预计方法、再制造性建模、再制造性试验与验证技术、寿命末端产品再制造性评价以及再制造性设计的通用准则等。除了不断吸收发达国家的先进经验和理论外，还要特别重视根据我国的工程实践、环境法规以及产品使用的经验来完善具有适合国情的再制造性工程理论与技术体系。

3. 促进再制造性的工程实践

再制造工程已经在部分产品中取得了实践应用，可以率先在典型产品的设计及其制造中应用再制造性工程，即在全寿命周期过程中开展再制造性活动，对在寿命末端产品的再制造进行指导，以提高我国再制造性工程的水平和效益。根据不同阶段，分批将重点产品的再制造性设计经验向更多产品研制进行推广。在进行新产品制造性设计的同时，还要加强对寿命末端产品的再制造性评估，争取实现产品的多次再制造循环利用，实现产品的多寿命周期和性能的可持续增长。同时，根据国家的环境保护及资源利用的相关法规，对进行再制造性设计的产品设计及生产单位进行鼓励，并监督经过再制造性设计产品的再制造情况。

4. 制定与完善有关再制造性的标准和规范

从我国国情出发，在产品质量管理中，将产品的再制造性作为产品的重要属性指标，开展再制造性工作研究及论证，尽快完善再制造性的指标体系，建立产品的再制造性标准和规范，明确再制造性的评价方法和内容，确立可行的再制造性设计体系和评估体系。

5. 建立再制造性信息的反馈系统

产品的设计部门与制造单位、使用单位和再制造单位要联合建立科学的再制造性信息反馈系统，分清责任，明确流程，实现信息资源共享，不断收集实际使用过程中的再制造性变化（降低、维持和升高等）数据，及时反馈到设计单位，为提高产品的再制造性提供依据，并对设计到产品中的再制造性进行验证。建立良好的再制造性信息反馈系统是不断提高产品再制造性的必要手段。

参 考 文 献

［1］全国绿色制造技术标准化技术委员会．再制造　术语：GB/T 28619—2012［S］. 北京：中国标准出版社，2012.

［2］徐滨士．中国再制造工程及其进展［J］. 中国表面工程，2010，23（2）：1-6.

［3］姚巨坤，朱胜，崔培枝．再制造管理：产品多寿命周期管理的重要环节［J］. 科学技术与工程，2003，3（4）：374-378.

［4］朱胜，徐滨士，姚巨坤．再制造设计基础与方法［J］. 中国表面工程，2003，16（3）：27-31.

［5］姚巨坤，朱胜，崔培枝．面向再制造全过程的再制造设计［J］. 机械工程师，2004（1）：27-29.

［6］朱胜，姚巨坤．装备再制造设计及其内容体系［J］. 中国表面工程，2011，24（4）：1-6.

［7］朱胜，姚巨坤．再制造设计理论及应用［M］. 北京：机械工业出版社，2009.

［8］朱胜，姚巨坤，时小军．装备再制造性工程及其发展［J］. 装甲兵工程学院学报，2008，22（3）：67-69.

［9］刘涛，刘光复，宋守许，等．面向主动再制造的产品模块化设计方法［J］. 中国机械工程，2012，23（10）：1180-1186.

［10］刘涛，刘光复，宋守许，等．面向主动再制造的产品可持续设计框架［J］. 计算机集成制造系统，2011，27（11）：2317-2323.

［11］曹华军，张潞潞，杜彦斌，等．面向资源重用的再制造定制设计关系优化配置模型及应用［J］. 机械设计，2010，27（5）：77-81.

［12］HAYNSWORTH H C, LYONS R T. Remanufacturing by design：the missing link［J］. Production and Inventory Management Journal, 1987, 28（2）：24-29.

［13］SUNDIN ERIK. Product and process design for successful remanufacturing［D］. Lindköpings：Lindköpings Universität, 2004.

［14］FERRER GERALDO. On the widget remanufacturing operation［J］. European Journal of Operational Research, 2001（135）：373-393.

［15］NASR N THURSTON, M. Remanufacturing：a key enabler to sustainable product systems［C］. 13th CIRP International Conference on Life Cycle Engineering, 2006：15-18. Available at：http：//www. mech. kuleuven. be/lce2006/key4. pdf.

［16］BERT BRAS, MARK W MCLNTOSH. Product, process, and organizational design for remanufacture：an overview of research［J］. Robotics and Computer Integrated Manufacturing, 1999（15）：167-178.

［17］GRAY C, CHARTER M. Remanufacturing and product design［J］. International Journal of Product Development, 2007, 6（3-4）：375-392.

［18］朱胜，姚巨坤．装备再制造性工程的内涵研究［J］. 中国表面工程，2006，19（5+）：61-63.

［19］姚巨坤，朱胜，何嘉武．装备再制造性分配研究［J］. 装甲兵工程学院学报，2008，22（3）：70-73.

[20] 姚巨坤，朱胜，时小军. 装备设计中的再制造性预计方法研究 [J]. 装甲兵工程学院学报，2009，23（3）：69-72.

[21] 张国庆，荆学东，浦耿强，等. 产品可再制造性评价方法与模型 [J]. 上海交通大学学报，2005，39（9）：1431-1436.

[22] 张国庆，荆学东，浦耿强，等. 汽车发动机可再制造性评价 [J]. 中国机械工程，2005，16（8）：739-742.

[23] 钟骏杰，范世东，姚玉南，等. 再制造性综合评估研究 [J]. 中国机械工程，2003，14（24）：2110-2113.

[24] 王玉玲，孔银响，吴保华，等. 机械产品全生命周期再制造性评估 [J]. 机械设计与制造，2012（6）：266-268.

[25] 刘涛，刘光复，李园. 基于模糊综合评价的系统再制造性分配方法 [J]. 机械设计与制造，2011（10）：99-101.

[26] DANIEL V，GUIDE R. Production planning and control for remanufacturing industry：practice and research needs [J]. Journal of Operations Management，2000（18）：467-483.

[27] BRAS BERT，HAMMOND R. Towards design for remanufacturing：metrics for assessing remanufacturability [C]. Proceedings of the 1st International，Eindhoven，The Netherlands，1996：5-22.

[28] AMEZQUITA TONY，HAMMOND RICK，SALAZAR MARD，et al. Characterizing the remanufacturability of engineering [C]. Proceedings ASME Advances in Design Automation Conference，Boston，Massachusetts，September 17-20，1995（82）：271-278.

[29] 朱胜，姚巨坤，时小军. 装备再制造性工程及其发展 [J]. 装甲兵工程学院学报，2008，22（3）：67-69.

第 2 章

再制造性工程分析

确定产品的再制造性并进行设计之前,需要对产品及其再制造过程进行系统了解和分析,包括与再制造性相关的可靠性、维修性与测试性,产品故障规律及失效形式,再制造规划方案,再制造工作,再制造费用估算方法,再制造时机等内容,通过了解这些内容,可以为再制造性的参数选择、方案规划、定性化和定量化设计提供数据信息支持。

2.1 产品故障规律和失效形式

2.1.1 再制造的质量要求

再制造产业是一个发展中的新兴产业,目前对再制造产品的质量要求尚缺乏统一的标准。但国内外几乎所有有关的再制造的定义中,都指明再制造生成的产品性能不低于新品,并提供与新品相同的质量保证[1]。我国徐滨士院士等也多次提出,再制造必须采用高新技术和产业化生产,确保其产品质量等同或高于原产品[2]。

提出这样的质量要求是再制造产业发展的必然趋势。因为只有再制造产品的质量不低于新品才能确保其使用性能,树立绿色再制造产品的良好形象,以较大的优势参与市场竞争,并克服一些用户心目中的"产品不是全新的质量肯定不高"的习惯看法。只有执行严格的质量标准才能区分并拒绝各种假冒伪劣的再生产品,为再制造企业的准入提供必备的技术标准。

提出这样的质量要求也是再制造过程可以实现的。再制造是采用当前的高新技术和现代化管理手段,以产业化、专业化、批量化、标准化的生产方式组织生产。再制造是在原始产品使用数年至一二十年后进行的,科技的进步,新技术、新工艺、新材料的应用,使再制造产品可能而且应该比原始产品做得更好。如果通过再制造使产品得到现代化改造和升级,那么将显著提高产品的性能和质量。大量的事实表明,再制造常常成为产品采用高新技术的先导。由此可见,再制造应该对产品质量有更高的要求,在进行再制造性设计时,也必须考虑这一因素的影响。

这里提出的产品质量应该是与原始新产品相比较的,是全面的、综合性的,包括功能、可靠性、使用性能及寿命等各种性能。

2.1.2 产品的故障规律

故障,一般指产品零部件的失效,如可维修产品的零部件故障引起产品失效。失效,通常指产品性能的丧失，如不可维修产品的失效，即丧失规定功能。故障与失效两个概念并没有严格的区分，通常在可靠性分析时都用失效一词。故障模式也就是失效模式，故障模式分析也就是失效模式分析，故障树分析也就是失效树分析。故障树分析可以协助确定产品的再制造方案，为产品的再制造性分解和再制造性预测提供支持。

失效就是产品丧失规定的功能，规定的功能是指设计人员根据用户的要求在设计文件中规定的产品功能。失效模式就是失效或故障的形式，故障的形式是多种多样的，同一零部件可能有多种失效形式，如曲轴有磨损、弯曲、断裂等。

20 世纪 60 年代，美国联合航空公司对大量航空装备的故障特征进行了统计分析，发现航空装备的故障率曲线主要有图 2-1 所示的六种基本形式[3]。A 型为典型的浴盆曲线，装备的故障率随时间变化可分为三个阶段：早期故障期、偶然故障期和耗损故障期。在早期故障期内故障率是递减的，通常表现为装备磨合或老练的过程；偶然故障期也称有用寿命期，其故障率低而稳定，近似为常数，故障时间服从指数分布。在此阶段故障的发生是随机的，不宜采用定期预防更换的维修方法；耗损故障期一般出现在装备有用寿命的末期，表现为故障率随时间的增加迅速增长，其原因主要是诸如机械零件和电子元器件的磨损、耗损、腐蚀、疲劳、老化等，可采用预防更换等措施来控制故障率的增加。B 型也有明显的耗损故障期。符合 A、B 两种形式的是各种零件或简单产品的故障，如轮胎、制动片、活塞式发动机的气缸、涡轮喷气发动机的压气机叶片和飞机的结构元件的故障。这两种具有耗损特性的航空装备仅占全部装备的 6%。C 型没有明显的耗损期，但是故障率也随着使用时间的增加而增加。涡轮喷气发动机的故障率曲线属于这种形式。A、B、C 三种形式故障率的装备只有 11%，可以考虑规定使用寿命或拆修期。

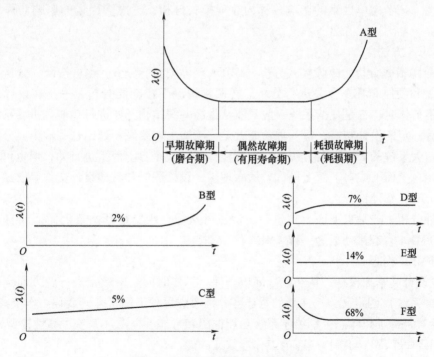

图 2-1　六种基本形式的故障率曲线

D、E、F 型曲线无耗损故障期，约占总数的 89%，这类装备、机件不需要规定寿命。有一半以上的航空装备显示出有早期故障期，即刚装配后的故障率相当高，如 A、F 型。

可见，随着时间的增加，装备的故障率有增加、不变和减小三种趋势。对于进入耗损故障期的设备，如果在进入耗损故障期之前按间隔期限定时更换，可以遏制故障率急剧增长的趋势；对于故障率不变的情况，按间隔期限定时更换，即用新品、修复强化件或工作时间少的机件来替换工作时间长的机件是没有效果的；而对于故障率减少的情况，如果实施定时更换修理，即用新品等机件去更换在用品，就相当于用故障率高的机件去更换故障率低的机件，将会产生相反的效果。

航空装备可分为有耗损特性和无耗损特性两类。无耗损特性的航空装备往往是复杂装备。复杂装备是指具有多种故障模式能引起故障的装备，如飞机、舰船、汽车及其各系统、设备和动力装置。一些统计资料表明，许多装备都没有明显的耗损故障期。上述六种基本形式的故障率曲线不仅适用于航空装备，也适用于其他装备。

复杂装备无耗损故障期这一规律的发现和应用，基本上否定了经典的浴盆曲线的理论基础，但它没有否定浴盆曲线对于简单装备和具有支配性故障模式的复杂装备的适用性。

2.1.3　产品的故障模式分析

故障模式分析（failure mode effect analysis，FMEA）和故障树分析（fault tree analysis，FTA）是产品在设计阶段进行可靠性分析必备的过程之一，也可以用来进行再制造性分析。在可靠性分析中，为了减少对人为因素的过分依赖，系统、全面地分析产品各种可能的故障及其影响与对策，在产品可靠性设计阶段建立各种分析方法，以便及早地改进设计，提高产品的可靠性[7]。考虑单因素的影响，称为故障模式分析；考虑多因素的影响，称为故障树分析。

1. FMEA 方法

（1）故障模式分析　故障模式分析（FMEA）可按功能分析，也可按硬件分析，也可把功能 FMEA 和硬件 FMEA 合并进行分析。在两种情况下按功能分析：一是在设计初期，硬件方案尚不具体时；二是复杂系统一般只能从最高一级结构开始进行功能分析。系统中每一个项目都有一定的设计功能，每一种功能就是一项输出。要逐一列出这些输出，分析它们的失效模式。大系统的 FMEA 要分级进行。功能分析一般是自上而下进行的，但也可以从任一级结构开始自上而下或自下而上进行。从原理图、设计图样和其他设计文件等已经了解硬件单元的细节时，按硬件分析。

按硬件分析一般是自下而上地进行，但也可从任一级结构开始自上而下或自下而上进行。各级 FMEA 合起来便成为一棵 FMEA 的"树"。

（2）FMEA 程序

1）以设计文本为根据，从功能、环境条件、工作时间、失效定义等各方面全面确定设计对象（即系统）的定义；按递降的重要度分别考虑每种工作状态（或称工作模式）。

2）针对每种工作状态分别绘制系统功能框图和可靠性框图（系统可靠性模型）。

3）确定每个部件与接口应有的工作参数或功能。

4）查明一切部件与接口可能的失效模式、发生的原因与后果。

5）按可能的最坏后果评定每种失效模式的严重性级别。

6）确定每种失效模式的检测方法与补救措施或预防措施。

7）提出修改设计或采取其他措施的建议，同时指出设计更改或其他措施对各方面的影响，如对使用、维护、后勤保障等方面的要求。

8）写出分析报告，总结设计上无法改正的问题，并说明预防失效或控制失效危险性的必要措施等。

（3）失效模式分析　具体分析产品的失效模式时，要考虑到一切可能的隐患，如：①功能上不符合技术条件的要求；②启动工作过早；③该工作时不工作；④在工作过程中失效等。

从以下这些方面都可查出具体失效模式：

1）在产品与线路应力分析中所确定的一切可能的失效模式。

2）动力学分析，结构与机构分析。

3）试验中发生的失效，检验中发现的偏差，数据交换网所发出的报警通知，类似产品的工作情况信息等。

4）如果专门做过安全性分析，确定系统失效模式及其原因，也可以获得完整的信息的依据，但需要耗费大量时间。这时需要判断，究竟哪些部件或功能需要做进一步分析。

2. 故障树分析

故障树分析是可靠性分析中非常形象的概念分析。可靠性分析过程像一棵倒置的树，因此称为故障树分析。故障树分析是从故障的角度去分析系统的可靠性，它能完成可靠性框图的分析任务，而且还能分析故障的传播路线与故障源，因此更具有优越性，目前已经是系统可靠性分析中不可缺少的方法之一。

故障树分析是在系统设计过程中对设想可能造成系统故障的各种因素（硬件、软件、环境、人为因素）进行分析，并画出逻辑框图（故障树），进而确定系统故障原因的各种可能组合方式与发生概率，计算系统故障概率，并相应采取纠正措施，实现可靠性的一种设计方法。

故障树具有以下几个特点[4]：

1）故障树的应用领域很广泛，既可以作为一般性的分析计算，又可以深入各种故障状态，不仅可以分析某些元件故障对系统的影响，还可以对导致这些元件故障的特殊原因（环境与人为等原因）进行分析，因此具有灵活性。

2）故障树是一种图形演绎方法，表达故障事件在一定条件下的逻辑推理过程，既可以围绕某些特定故障做层层深入的分析，也可在清晰的故障树图形下表述系统的内在联系，并指出元部件故障与系统故障之间的逻辑关系，进而找出薄弱环节。

3）分析故障树的过程，也是对系统深入认识的过程，要求分析人员把握系统的内在联系，弄清各种潜在因素对系统故障的影响，及时发现及时解决。

4）故障树既能定性分析又可定量计算，能够完美地表达系统的特征。

5）故障树可以作为形象管理、维修、再制造的指南或参考。

故障树已经在很多领域很多环境过程中被广泛应用，如在产品早期设计阶段的改进和详细设计，样机生产后的批量生产阶段，验证是否满足设计要求等方面。该方法在再制造工作分析及再制造性设计中显得尤为重要。

2.1.4 废旧件的失效模式

各种机械产品中的金属零件或构件，都具有一定的功能，在载荷作用下保持一定的几何形状，实现规定的机械动作，传递力和能量等。当零件失去最初规定的性能，即为失效。失效是导致工程设备性能劣化、退出现役的主要原因。经过失效分析，确定失效零件的再制造方案，可以预测其再制造时间、费用或者性能，为再制造性设计提供数据支持。

零件失效的形式有很多，可按失效机理模式划分失效形式，也可按质量控制状况和因果关系划分失效形式。最常见的失效形式为变形、断裂、损伤及其他类型。失效形式分类见表2-1，具体可参考相关专业书籍了解。

表 2-1 失效形式分类[5]

失效类型	失效形式	失效原因	举例
变形	扭曲	在一定载荷条件下发生过量变形，使零件失去应有功能而不能正常工作	花键、车体
	拉长		紧固件
	胀大超限		箱体
	高低温下的蠕变		发动机
	弹性元件永久变形		弹簧
断裂	一次加载断裂	载荷或应力强度超过材料承载能力	拉伸、冲击
	环境介质引起断裂	环境、应力共同作用引起低应力破坏	应力腐蚀、氢脆、腐蚀
	低周高应力疲劳断裂	周期交变作用力引起的低应力破坏	压力容器
	高周低应力疲劳断裂		轴、螺栓、齿轮
损伤	磨损	互相接触的两物体表面，在接触应力作用下，有相对运动，造成材料流失	齿轮、轴、轴承
	腐蚀	有害环境的化学及物理化学作用	与燃气、冷却水、润滑油、大气接触的零件
	气蚀	气泡形成与破灭的反复作用，使表面材料脱落	气缸套、水泵、液压泵
其他	老化	材料暴露于自然或人工环境条件下，性能随时间变坏的现象	塑料或橡胶零部件
	泄漏	先天性的，如设计、加工工艺、密封件、装配工艺的质量问题等；后天性的，如使用中密封件失效、维修中装配不当等	箱体漏油、气缸漏气、液压系统漏油

2.1.5 废旧件的失效分析

零件产生失效的主要原因有设计、选材、材料缺陷、制造工艺、组装、服役工况条件等。而对于正常退役产品来说，失效部件能够正常运用一个使用周期，则一般其失效形式主要表现为磨损、腐蚀等经过缓慢过程引起的零件形状或性能变化。再制造中对废旧产品及零部件进行失效分析的作用是：了解零部件的失效情况，确定检测后能否使用；找出该失效是否属于产品正常使用要求，若不合乎产品使用要求，则在再制造中进行改进升级，满足再制造产品服役要求；提供技术改造、再制造决策依据和相应的改进措施。

再制造中对废旧零部件失效分析的基本内容包括调查检测、分析诊断、处置与预测三个阶段。利用各种检测手段调查分析废旧产品的工况参数和使用信息，了解退役报废原因。针对拆解后的不同性能状态，采用相应的检测方法，进行全面的检测工作，包括力学方面的载荷、应力、变形等，材质方面的材料种类、组织状况、化学分析、力学性能、表面状态等。在调查检测的基础上，结合具体情况，诊断零部件的状态，分析失效模式、大体过程和基本原因、决定性因素及失效机理等。经过分析诊断，判定其状态性能、再制造方案及改进升级措施，并对再制造产品的使用提出相应的对策，减少非正常失效概率。

2.1.6　废旧轴的失效分析实例

某车辆传动装置中采用的轴主要有两种：带齿轮的轴、花键轴。失效形式通常为花键磨损、轴承配合面磨损、折断。

花键轴齿键侧边的磨损必须具备以下条件：①花键定位表面存在间隙；②具有滑动；③齿键侧边承受压力。如某型变速器中的花键轴与孔配合公差最大间隙为 0.135mm，最小间隙为 0.050mm。齿键侧边的配合最大间隙为 0.19mm，最小间隙为 0.05mm。由于齿轮啮合时啮合力所形成的径向力是法向力的 34.2%，足以克服键齿侧面的摩擦阻力而使齿轮相对于轴做径向移动。齿轮转动一圈，齿键径向往复滑动一次，因而各齿键的滑动频率与旋转频率相等。这种微动滑磨称为微振腐蚀。花键的磨损是微动腐蚀多次循环作用的结果，具有疲劳性质。金属表面的氧化物将成为微动磨损的材料。在多次循环载荷的作用下，表面不平凸峰之间的焊合、撕挤，使表层的应力分布很不均匀，在靠近接触点的部位，有较大的切应力，从而产生疲劳裂纹。

对于减速器的输出轴，按定位配合公差计算出齿轮在轴上的微动幅度是 0.036 ~ 0.145mm，微动腐蚀不可避免。在该轴与主动轮连接部分采用了渐开线形齿键，其定位间隙由公法线长度尺寸来控制，可计算单齿的圆周间隙为 0.05 ~ 0.15mm，相应的径向间隙为 0.068 ~ 0.206mm。这说明主动轮在轴上的微动幅度是相当大的。当以免修极限尺寸计算时，单齿的圆周间隙达到 0.41mm，这时的径向间隙或微动幅度达到 0.56mm。在修理鉴定技术条件中，规定了变速器轴矩形花键选配定装时的极限间隙值为 0.65mm，它大约是初始间隙的 6 倍，或初始最大间隙的 3.5 倍，对花键定心配合表面没有提出检验要求，这是由于花键定心配合表面的微动磨滑中没有明显磨损的缘故。

轴上装轴承部位的磨损主要由轴承内座圈在轴上的爬动所造成的，也是一种辗轧作用。轴旋转时，载荷矢量也相对于轴承内座圈转动，犹如内座圈在轴的配合面上发生弹性变形。因此其接触部分将沿实际的弹性接触点的轨迹移动，接触点的轨迹不同于原来的配合直径，从而造成理论滚动表面直径与实际滚动表面直径的差异和两者之间的相对滑动。在载荷长期作用下，轴承座圈与轴的配合表面相对滚辗就造成了轴与座圈表面的磨损。接触式密封装置的结构不良将给轴的密封工作表面以剧烈的磨损，这多半是由于外界的杂质硬粒侵入密封所造成的，是一种磨料磨损。

检验一个失效轴，通常希望收集到尽可能多的有关该轴件的历史背景资料。这些资料应包括设计参数、工作环境、制造工艺和工作经历。所需收集的资料及检验步骤如下：

1）了解有关轴件的零件图及装配图，以及材料和试验技术规范。

2）了解失效的轴与其相接合的零件之间的关系，应考虑轴承或支承件的数量和位置以及它们的对中精度是怎样受机械载荷、冲击、振动或热梯度所造成的挠曲或变形的影响。

3）检查轴组合件的工作记录，了解部件的安装、投入运转、检查的日期，并从乘员处了解有关资料，检查是否遵循有关规程。

4）初始检验。润滑油、润滑脂和游离碎屑的样品应仔细地从所有构件上取下，进行鉴定并保存起来。检验与失效有关的或对失效起作用的所有部位的表面，注意擦伤痕迹，受摩擦区和异常的表面损伤和磨损。

2.2 再制造性规划分析

2.2.1 再制造方案

1. 基本概念

再制造方案是对废旧产品再制造和保障资源总体安排的描述，是对退役产品再制造中的相关因素、约束、计划以及保障资源的简要说明[6]。其内容包括再制造策略、再制造级别、再制造时机、再制造原则、再制造资源保障和再制造活动约束条件等。不同的再制造方案，也直接决定并影响着产品的实际再制造性。

2. 制订再制造方案的目的

1）在产品设计中，为确定产品的再制造实施提供基础，为产品的再制造性设计和再制造保障资源的设计提供依据。产品的再制造性和再制造保障资源要求实际上都是以某种再制造方案为约束的，其中的参数选择都要以再制造方案设想为前提。

2）为建立再制造保障系统提供基础。在再制造工程分析中，根据再制造方案，针对产品设计可以确定其再制造目标、再制造时机、保障人员数量与技能水平、保障设备、备件及技术设施等保障资源，以建立产品再制造保障系统。

3）为制订详细的产品再制造计划提供基础，并对确定资源供应方案、再制造训练方案、备件供需服务、废旧产品运输与搬运准则、技术资料需求等产生影响。

要想经济而有效地实现上述目的，在产品论证研制的早期确定使用要求时就应确定产品的再制造方案设想，并在产品研制、使用过程中不断加以修订、完善。尽早确定再制造方案，有助于设计和再制造保障之间的协调，并系统地将其综合为一体。例如，再制造保障设备所具有的功能应与产品再制造设计以及给定的再制造策略相匹配；配备的人员其技能应与设计所决定的产品的再制造难度相匹配；再制造方法应根据产品设计及其再制造任务来确定等。若未及时确立再制造方案、再制造级别不明确、再制造策略不确定，一方面产品系统的各个组成部分因缺乏统一的标准可能呈现出各种设计途径，难以决策；另一方面各种再制造保障要素将难以与主产品相匹配，造成资源的浪费和保障水平的低下。

在研制中制订的再制造保障方案及其随之产生的详细的再制造计划，与产品实际退役后的具体再制造方案是有区别的，但前者是后者的依据，后者是前者在实施阶段的落实和提升。在退役后的再制造实施方案、计划中，遵循研制中的再制造保障方案、计划及其形成的保障要素的规定，可以保证再制造保障系统良好地运行。同时，再制造方案在产品实施再制造的阶段也要在实践中受到检验，并应依据实际情况进行必要的修改和完善。

3. 再制造方案的确定及评估

再制造方案的制订是产品寿命周期中最重要的工作之一，其形成过程是一个反复迭代的过程，常常需要进行各种保障资源及任务的综合权衡分析。为了优化设计和实现最低的全寿命费用，再制造方案与再制造性要求应同步进行研究。在再制造策略中，采用何种目标的再制造，将直接影响着再制造保障资源的配置及再制造产品的性能，也对废旧件的处理、新备件的保障、再制造人员的要求等因素产生直接影响。

总之，再制造方案的制订是产品全寿命周期中的重要工作，它对于产品的设计方案和废旧产品的再制造保障有着重大的影响。再制造方案形成后，将从再制造方案出发，逐步形成初始的再制造性设计要求和再制造保障准则。这些准则不仅影响产品系统设计的功能（如模块化、标准化及互换性等），而且对系统设计及再制造保障资源的配置提供了重要依据。为了保证再制造方案的完整性，作为一种最后的检查手段，可以提出如下问题加以确认：是否定义和确定了产品退役后的再制造策略？是否定义和确定了废旧产品各零部件的再制造级别？是否定义和确定了废旧产品的再制造保障资源及任务？

再制造方案的确定和优化，要由再制造方与承制方密切配合，共同完成。除已有的工作要求和预定的环境条件外，再制造方一般应首先向承制方提供如下信息：①相似系统的保障资源及有关数据；②系统预定的再制造方案构想。

2.2.2　再制造策略

1. 基本概念

再制造策略是指产品退役后如何再制造，它规定了某种产品退役后的再制造方式及预定完成再制造后的产品性能，它不仅影响产品的设计，而且也影响再制造保障系统的规划和建立。在确定产品的再制造方案时，必须确定产品的再制造策略。按照再制造的目的和方法不同，产品退役后可采用的再制造策略一般可分为恢复性再制造、升级性再制造、改造性再制造及应急性再制造[6]。

1）恢复性再制造：指将在寿命末端的产品通过再制造恢复到与新品相同的性能。

2）升级性再制造：指将在役或功能退役的寿命末端产品通过再制造进行性能或功能升级，使再制造产品性能超过原产品，满足当前市场需求。

3）改造性再制造：指产品功能无法再适应市场需要时，将退出市场的寿命末端产品通过功能转换、结构改造等方法再制造成其他产品，赋予产品不同的功能，满足新领域用户对产品功能的需求，实现资源的高品质转换利用。

4）应急性再制造：指在特殊条件下（如战场、现场、战前等），通过适当的再制造方法，使产品满足当前紧急条件下所要求的部分功能，实现产品在特定条件下的应急使用。

2. 再制造策略的选择

在选择再制造策略时应注意以下几点：

1）再制造产品性能的市场需求是再制造策略选择的首要因素。再制造策略的选择，在很大程度上取决于产品退役的原因及市场需求，需要对再制造产品的使用性能进行重新设计，以更好地适应市场需求。例如，如果产品是因达到了物理寿命而退役且当前产品功能仍在市场上大量流通，则可以采用恢复性再制造策略，以最小的代价恢复产品的性能；如果产品是因技术功能落后无法满足市场要求时，则只能选择升级性再制造策略，以便保证再制造后的产品拥有市场需求；对于已经退出市场的产品，其应用市场已经消失、已经饱和或者再制造成本超过预期时，可以选择改造性再制造，将其再制造转换为其他类型的产品，满足市场需求，并最大化地保持原产品的残余价值；战场、流水生产线等特殊条件下，为了快速恢复产品的主要性能，可以采用应急性再制造策略，以满足特殊条件下快速恢复主要功能的要求。

2）再制造保障资源是影响再制造策略选择的直接方面。不同的再制造策略对应着不同的再制造工作内容和职责范围，即使对同一废旧产品而言，在不同的再制造策略下所需要的再制造保障资源也不相同，因此废旧产品到达再制造企业后，其再制造策略的选择必须依据再制造保障资源的配置条件。再制造保障资源的条件包括设备的生产能力、备件的供应状况、人员的专业水平等众多因素，不同的保障资源条件也相应确定了不同再制造策略的选择。因此，在进行再制造策略选择时，应根据保障资源情况从不同方面按照优先顺序对其进行综合权衡。

3）减少资源消耗是再制造策略选择的重要因素。再制造的目标是最大化回收废旧产品中的附加值，减少原废旧产品蕴含价值资源的损耗，同时还要考虑再制造本身过程的资源消耗，减少再制造保障系统运行中的人力及资源消耗，降低对保障设备、设施配置以及器材储存要求与费用。再制造策略选择得恰当与否对于再制造产品的使用或寿命周期费用有着直接的根本性影响，从减少消耗的经济性和减少环境污染的角度选择再制造策略也应是再制造策略抉择的主要影响因素。

3. 再制造策略的确定

预定的再制造策略直接影响着产品设计和再制造保障资源的需求。在产品设计中，要预先确定其再制造策略；在研制生产过程中，需要对原定的再制造策略进行局部调整，确定相对较固定的产品退役时的再制造策略；当产品退役进入再制造生产线后，此时再制造保障资源基本完全确定，具体废旧产品的再制造策略（例如是恢复性再制造还是升级性再制造），一般而言就相对固定了。因此在确立产品的再制造方案时，必须预先分析产品的使用要求及条件，预测产品退役时的状况及届时的产品性能需求，并根据这些要求确定能够保证这些要求实现的再制造策略。在该阶段，可能会设想出多个不同的再制造策略，但最终应把范围缩小到一个或两个合理的方案，并对其进行详细地分析。由于每一个待选再制造方案反映了系统设计和保障的特点，因此应按照相应的参数指标（如再制造度等）和寿命周期费用予以评价。在规定产品的使用方案和退役后的再制造方案时，所需数据常常是根据经验或从类似的产品取得的，经过对比分析，根据各个方案的相对优缺点选定再制造策略。若有两种策略被认为效果较好，再制造方案则分别考虑这两种策略，直到取得详细的数据资料能够完成更深入的对比分析为止。图 2-2 所示为评估和优化再制造策略的过程。在使用阶段，具体产品

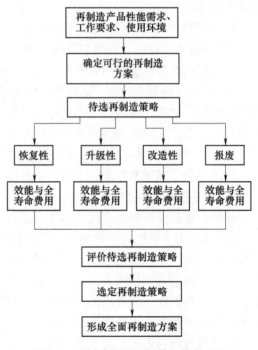

图 2-2　再制造策略的评估与优化过程

的再制造策略应根据实际情况做必要调整。

2.2.3　再制造级别

1. 基本概念

再制造级别是按废旧产品进行再制造时所处场所而划分的，一般可分为产品级再制造、部件级再制造和零件级再制造。不同的再制造级别，可以提供不同的再制造方案，为再制造性设计提供方案支持。

现代退役产品往往是一个复杂的机电系统，由许多部件集成获得，不同的部件或核心零件往往来自于不同的专业生产厂家。在产品级整体再制造时，往往不具备对部分部件或核心零件（如大型轴类零件）的专业再制造能力，则在产品级再制造时，对此类部件或零件可以送至相对应的专业部件或零件再制造生产线进行再制造加工，而产品级再制造企业可直接由专业零部件的再制造商提供相应零部件供产品再制造时作为配件使用。再制造级别的划分是产品再制造方案必须明确的问题。划分再制造级别的主要目的和作用是：①合理区分再制造任务，科学组织再制造生产；②合理配置再制造资源，提高经济效益；③合理布局再制造企业，提高其质量和效益。

再制造级别分析是指针对再制造的产品，按照一定的再制造准则，为其确定经济、科学的再制造级别以及在该级别的再制造方法的过程。由于产品级的人员技术和拥有的设备的限制，因此要求产品设计能够使零部件状况的检测判定既方便又正确。拆解下的零部件，若是不可再制造件则予以废弃；若是可再制造零部件，则需要根据各级别的再制造能力由本级或送部件级、零件级再制造单位进行专业再制造。对每一种再制造选择都可初步确定其保障资源需求。必要的再制造分析可以确定产品再制造时各零部件的加工地点、范围及方法，实现再制造的合理分工，保证再制造产品质量和效益。

2. 再制造级别分析的准则

再制造级别分析可分为非经济性分析和经济性分析两类。

非经济性分析是在限定的约束条件下，对影响再制造决策主要的非经济性因素优先进行评估。非经济性因素是指那些无法用经济指标定量化或超出经济性因素的约束因素，主要考虑技术性、安全性、可行性、环境性、政策性等因素。如以再制造技术、时间或环境无污染为约束进行的再制造级别分析，就是一种非经济性再制造级别分析。

经济性分析是一种收集、计算、选择与再制造有关的费用，对不同再制造决策的费用进行比较，以总费用最低作为决策依据的方法。进行经济性分析时需广泛收集数据，根据需要选择或建议合适的再制造级别费用模型，对所有可靠的再制造决策进行费用估算，通过比较，选择出总费用最低的决策作为再制造级别决策。

进行再制造级别分析时，经济性和非经济性因素都要考虑，无论是否进行非经济性分析，都应进行以总再制造费用最低为目标的经济性分析。

3. 再制造级别分析的步骤

实施再制造级别分析的流程如下：

1）划分产品零部件层次并确定待分析的零部件。

2）收集资料确定有关参数。

3）进行非经济性分析。

4）进行经济性分析。利用经济性分析模型和收集的资料，定量计算产品零部件在所有可行的再制造级别上的相关费用，以便选择确定最佳的再制造级别。

5）确定可行的再制造级别方案。根据分析结果，对所分析产品确定出可行的再制造级别方案。

6）确定最优的再制造级别方案。根据确定出的各可行方案，通过权衡比较，选择满足要求的最佳方案。

2.2.4 再制造思想

再制造思想是科学确定再制造方式的基本准则，它是指导再制造实践的理论基础，是人们对再制造生产客观规律的正确反映，是对再制造工作总体的认识[9]。对于废旧产品采用何种再制造思想，取决于生产水平、再制造对象、再制造人员素质、再制造手段和历史条件等客观基础。

1. 以"退役后性能恢复再制造为主"的再制造思想

在传统的再制造模式中，通常以产品服役到寿命末端时，才针对退役后产品进行再制造，这也是当前最普遍的再制造思想，也是当前再制造产业的基本模式。退役后再制造，可以充分发挥原产品在第一次寿命周期中的最大使用价值，并通过再制造恢复其附加值，能够实现产品的多寿命周期使用，具有重大的经济、社会和环境效益。

2. "以在役产品性能升级为主"的再制造思想

与退役阶段的产品再制造思想相对，以在役装备的性能或功能升级为目的的再制造思想，主要是面向功能落后的产品的再制造，通过提升产品的功能，仍然可以满足原服役市场需要，解决功能落后产品性能提升的服役需求。例如，普通机床通过增加数控模块，可以进行数控化再制造升级，提升其使用性能。

3. "以用途改造为目的"的再制造思想

相对原产品升级或恢复性再制造来讲，通常还有该种类产品已经退出了市场，原功能无法满足市场需要，则可以对其功能进行再制造设计，通过再制造过程赋予其不同的功能，满足新的服役市场需要。例如，国外将火车发动机改造成船舶用发动机；国内将汽油发动机再制造改造为燃气发动机等。

4. "以提供服务为目的"的再制造思想

即再制造商对废旧产品再制造后，不提供产品本身的销售，而是直接销售产品的功能，为用户提供产品的功能服务。在此情况下，再制造商可以制订再制造产品的企业标准，根据提供服务的标准要求，适当优于或者不低于原产品的性能。例如，复印机再制造企业可以为有需求的企业提供复印功能服务，将再制造复印机放置在用户单位，出租其复印功能，并保证在设备故障后能够及时提供再制造复印机的更换。

5. "以预防为主"的再制造思想

以预防为主的再制造思想是以机件的磨损规律为基础，以故障率曲线（图2-1）中的偶然故障期的末段作为再制造的时间界限，其实质是根据量变到质变的发展规律，把产品性能劣化消灭在萌芽状态，防患于未然，是一种以定期全面再制造为主的再制造思想。同时，该时期的大部分部件没有经过最后的剧烈损耗期，因此其磨损量较小，能够显著减少再制造过程的工作量。通过对该时期的产品预防性再制造，可以使原产品在故障发生退役之前，以较少的投入来全面恢复设备的良好技术状态，达到最大的性能费用比。定期再制造将成为预防性再制造的基本方式，有望取消设备大修制度，例如现在的发动机再制造就正在逐步代替发动机大修的模式。

6. "以可靠性为中心"的再制造思想

它是建立在"以预防为主"的再制造实践基础上的一种再制造思想，以保证产品的使用可靠性为中心，适时地对产品进行再制造，这是以预防为主的再制造方式的扩大使用，达到以最低的费用实现机械设备的固有可靠性水平。借鉴较完善的资料、数据收集与处理系统，尤其是根据故障数据的收集与统计工作，进行可靠性的定量分析，并按故障后果等确定不同的再制造策略，来恢复或提高产品的固有可靠性，可有效控制影响设备可靠性下降的各种因素，避免频繁的维修或维修不当导致可靠性下降。

7. "以满足应急需求为目的"的再制造思想

指在特殊情况下，对于装备采用应急式再制造，实现装备的部分功能，不追求完全达到原来的质量要求，只限于满足特殊情况下的部分功能需求。例如战场上的规模化装备，在部分战损后，可以通过快速的拆拼进行应急再制造，快速恢复部分装备的战斗性能或者部分火力性能、运动功能等，满足对装备进一步使用或者后撤维修的紧急要求。

2.3　再制造工作分析

2.3.1　概述

由于再制造的毛坯是退役产品，不同种类的退役产品其结构性能、失效形式、退役原因等都存在着极大的差别，对不同种类的退役产品再制造工作也存在着不同的生产过程。即使相同种类的退役产品，由于每批产品的使用条件都不相同，导致其具有非常明显的个体性，使得再制造工作产生不同的差异。而且再制造产品的性能要求不同，也会直接影响再制造策略，导致再制造工作过程的差异。因此需要对再制造的每项工作任务进行分析，制订相应的文件，协调多方面的工作。

再制造工作分析是在某型产品退役后，首次再制造前，需要对再制造工作内容进行确定，并详细分解为作业步骤，用以确定各项再制造保障资源要求的过程。再制造工作分析是开展再制造及确定再制造保障资源的基础，也是进行再制造性设计时需要重点分析的基本工作内容，直接影响着再制造性设计内容。

再制造工作分析是十分烦琐和复杂的过程，需要耗费较大的人力和费用。但科学正确分析所得到的准确结果，可以排除因采用一般估计资源要求的臆测性和经验法所引起的资源浪费或短缺，可以使废旧产品在再制造期间得到科学合理的保障资源，显著提高再制造保障费用的效益。再制造工作分析与确定的主要目的是：

1）为每项再制造任务确定保障资源及其储备与运输要求，其中包括确定新的或关键的再制造保障资源要求。

2）从再制造保障资源方面为评价备选再制造保障方案提供依据。

3）为备选设计方案提供再制造保障资料，为确定再制造保障方案和再制造性预计提供依据。

4）为制订各种废旧产品再制造保障技术文件提供原始资料。

5）为其他有关再制造分析提供输入信息。

2.3.2 再制造工作分析的内容和步骤

1. 再制造工作分析的内容

再制造前，应对每项具体的再制造工作进行详细分析，逐项确定以下内容：

1）再制造工作的类型并明确再制造后产品的性能指标要求。

2）为实施再制造所需要的步骤以及相应的再制造要求。

3）再制造工作的完成顺序，并对技术细节加以详细说明。

4）完成每项工作所需要的人员数量、专长和技术等级。

5）完成每项再制造工作所需的信息资源。

6）按要求顺序完成再制造工作所需的材料、保障设备和测试设备及设施。

7）完成再制造工作所需要的新品件和消耗器材。

8）完成每项工作的时间预测和完成某系统再制造工作的总时间。

9）完成每项工作的费用预测和完成某系统再制造工作的总费用。

10）根据确定的再制造工作和人员的要求，确定培训要求和培训方式。

11）确定在节约再制造费用、最佳利用废旧产品资源及提高再制造产品系统性能等方面起优化和简化作用的工作，提出改进系统设计的建议并提供有效数据。

2. 再制造工作分析的过程

为了便于审查、交流和记录再制造工作分析信息，应设计标准格式记录分析的结果。再制造工作分析的过程如图 2-3 所示。

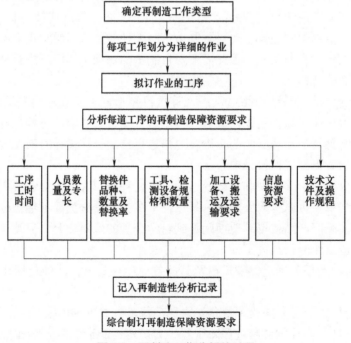

图 2-3　再制造工作分析的过程

对某退役产品的全部再制造工作分析后，应该综合说明完成再制造工作所需的全部保障资源，包括类型和数量。通过累加各再制造工序所做的再制造工作时间和费用，分析确定出批量化退役产品再制造所需的时间和费用。通过对再制造要求的分析，优化每道工序上完成再制造工作所需的人员数量、技术水平、费用需求、保障设备。实践证明，再制造工作分析是确定并优化保障资源和要求的有效方法。

再制造工作分析一般应该尽早完成，以便对所需的再制造保障资源及早准备，并对产品设计与再制造保障资源做出更好的协调。但往往因数据或信息的不足，导致开始时期的再制造工作分析比较粗略，需要在产品的各个阶段不断地补充和细化完善，因此再制造工作分析需要反复进行，并随着产品再制造工作的深入而不断更新。

2.3.3　再制造工作分析所需信息

在再制造工作分析中，由于需要对每项工作进行分析，确定所需的各种保障资源，因此需要收集各种信息，以便得出准确结果。分析时所需的主要信息如下：

1）退役产品的失效状态和模式，再制造产品的性能要求等。

2）已有相似产品的再制造数据和资料。例如类似退役产品再制造时所用的工具和保障设备、相似零部件的再制造工时和备件供应以及所需技术资料等。

3）再制造工作分析所拟订的各再制造岗位的再制造工作内容。例如退役产品的拆解、清洗及备件更换的内容等。

4）各种再制造保障资源费用资料。

5）当前再制造生产加工方面的新技术。例如环保清洗技术、高效拆解技术等。

6）有关废旧件供应方面的信息。例如退役产品的种类、数量、品质及时间等。

7）再制造生产的相关环保要求。例如废液的处理要求、废气的排放等。

从上述这些信息来源来看，做好再制造工作分析，首先要做好数据和资料输入的接口工作，否则可能导致工作重复和高的费用。

2.4　再制造费用分析

2.4.1　概述

1. 寿命周期费用

寿命周期费用（life cycle cost，LCC）是 20 世纪 60 年代出现的概念，它是指产品论证、研制、生产、使用和退役各阶段一系列费用的总和，是产品现代化管理的重要理论之一。全费用观点要求在讨论产品费用时，不仅要考虑主产品的费用，而且还要考虑与主产品配套所必需的各种软硬件费用，即全系统的费用；既要考虑产品的研制和生产费用，还要考虑整个寿命周期的各种费用，即全寿命费用。

寿命周期费用分析为产品的研制与使用保障决策提供了科学的系统分析方法。因 LCC 在产品中的重要地位及作用，其得到了迅速的发展，探索了多种周期费用评估计算方法（如工程估算法、类比估算法和参数估算法），建立了科学的 LCC 分析程序，并对于不同的产品进行寿命周期费用分析，为产品管理决策提供了依据。

2. 再制造周期费用

再制造周期是指产品从退役经再制造而生成再制造产品的过程，即再制造产品的生成过程，主要包括废旧产品的拆解、清洗、检测、加工、装配、整机性能测试等过程。

再制造周期费用主要是指在废旧产品再制造过程中所需投入的费用。再制造周期费用是再制造性评价的重要方面，直接影响着废旧产品再制造的决策，因此对再制造周期费用进行分析具有重要的作用，可以直接为再制造性设计提供经济数据支撑[7]。它在再制造工程中主要用于以下几个方面：

1）通过类似产品的再制造周期费用分析，为制订再制造周期费用指标或确定费用再制造设计指标提供依据。

2）通过再制造周期费用权衡分析评价备选再制造方案、设备保障方案、再制造设计方案，寻求费用、进度与性能之间达到最佳平衡的方案。

3）确定再制造周期费用的相关因素，为产品的再制造设计、生产、管理与保障计划的修改及调整提供决策依据。

4）为制订产品型号研制、使用管理、维修保障及产品的全寿命周期费用分析提供信息和决策依据，以便能获得具有最佳费用效能或以最低寿命周期费用实现性能要求的产品。

2.4.2 再制造周期费用估算方法

1. 再制造周期费用估算的基本条件

再制造周期费用估算可以在产品再制造周期的各个阶段进行。各阶段的目的不同，采用的方法也不完全相同。要进行再制造费用分析，必须明确分析的基本条件，具体内容包括：

1）要有确定的费用结构。确定费用结构一般是按寿命周期各阶段来划分大项，每一大项再按其组成划分成若干子项；但不同的分析对象、目的、时机、费用结构要素也可增减，特别是在进行使用、再制造决策分析时。

2）要有统一的计算准则。如起止时间、统一的货币时间值、可靠的费用模型和完整的计算程序等。

3）要有充足的产品费用消耗方面的历史资料或相似产品的资料。

2. 再制造周期费用估算的基本方法

参照 LCC 的费用分析方法，再制造费用估算的基本方法有工程估算法、参数估算法、类比估算法和专家判断估算法等。

（1）工程估算法　工程估算法是按费用分解结构从基本费用单元起，自下而上逐项将整个废旧产品再制造期间的所有费用单元累加起来得出再制造周期费用估计值。该方法中要将产品再制造周期各阶段所需的费用项目细分，直到最小的基本费用单元。估算时根据历史数据逐项估算每个基本单元所需的费用，然后累加求得产品再制造周期费用的估算值。

进行工程估算时，分析人员应首先画出费用分解结构图，即费用树形图。费用的分解方法和细分程度，应根据费用估算的具体目的和要求而定。如果是为了确定再制造资源（如备件），则应将与再制造资源的订购（研制与生产）、储存、使用、再制造等费用列出来，以便估算和权衡。不管费用分解结构图如何绘制，均应注意做好以下方面：

1）必须完整地考虑再制造周期系统的一切费用。

2）各项费用必须有严格的定义，以防费用的重复计算和漏算。

3）再制造费用结构图应与该废旧产品的再制造方案相一致。

4）应明确哪些费用是非再现费用，哪些费用为再现费用。

采用工程估算方法必须对废旧产品再制造全系统有详尽的了解。费用估算人员要根据再制造方案对再制造过程进行系统的描述，才能将基本费用项目分得准、估算得精确。工程估算方法是很麻烦的工作，常常需要进行烦琐的计算，但是这种方法既能得到较为详细而准确的费用概算，也能指出哪些项目是最费钱的项目，可为节省费用提供主攻方向，因此它仍是目前用得较多的方法。如果将各项目适当编码并规范化，通过计算机进行估算，则将更为方便和理想。

（2）参数估算法 参数估算法是把费用和影响费用的因素（一般是性能参数、质量、体积和零部件数量等）之间的关系，看成是某种函数关系。为此，首先要确定影响费用的主要因素（参数），然后利用已有的同类废旧产品再制造的统计数据，运用回归分析方法建立费用估算模型，以此预测再制造产品的费用。建立费用估算参数模型后，则可通过输入再制造产品的有关参数，得到再制造产品费用的预测值。

参数估算法适用于废旧产品再制造的初期，如再制造论证时的估算。这种方法要求估算人员对再制造过程及方案有深刻的了解，对影响费用的参数找得准，对两者之间的关系模型建立得正确，同时还要有可靠的经验数据，这样才能使费用估算得较为准确。

（3）类比估算法 类比估算法即利用相似产品或零部件再制造过程中的已知费用数据和其他数据资料，估计产品或零部件的再制造费用。估计时要考虑彼此之间参数的异同和时间、条件上的差别，还要考虑涨价因素等，以便做出恰当的修正。类比估算法多在废旧产品再制造的早期使用，如在刚开始进行粗略的方案论证时，可迅速而经济地做出各再制造方案的费用估算结果。这种方法的缺点是：不适用于新型废旧产品以及使用条件不同的产品的再制造，它对使用保障费用的估算精度不高。

（4）专家判断估算法 专家判断估算法是预测技术中的德尔菲法在费用估算中的应用。这种方法由专家根据经验判断估算出废旧产品再制造周期费用的估计值。由几个专家分别估算后加以综合确定，它要求估算者拥有关于再制造系统和系统部件的综合知识。一般在数据不足或没有足够的统计样本以及费用参数与费用关系难以确定的情况下使用这种方法，或用于辅助其他估算方法。

上述四种方法各有利弊，在再制造实践中可根据条件不同来交叉使用、相互补充和相互核对。

2.4.3 再制造周期费用分析流程模型

再制造周期费用分析估算的一般程序如图 2-4 所示。

（1）确定估算目标 根据估算所处的阶段及具体任务，确定估算的目标，明确估算范围（再制造周期费用，或某主要单元费用，或主要工艺的费用）及估算精度要求。

（2）明确假设和约束条件 估算再制造周期费用应明确假设和约束条件，一般包括再制造的进度、数量、再制造保障产品、物流、再制造要求、时间、废旧产品年限、可利用的信息等。凡是不能确定而估算时又必需的约束条件都应假设。随着再制造的进展，原有的假设和约束条件会发生变化，某些假设可能要置换为约束条件，应当及时予以修正。

（3）建立费用分解结构 根据估算的目标、假设和约束条件，确定费用单元和建立费用分解结构。

（4）选择费用估算方法　根据费用估算与分析的目标、所处的周期阶段、可利用的数据及详细程序，允许进行费用估算与分析的时间及经费，选择适用的费用估算方法。应鼓励费用估算人员同时采用几种不同的估算方法互为补充，以暴露估算中潜在的问题和提高估算与分析的精度。

（5）收集和筛选数据　按费用分解结构收集各费用单元的数据，收集数据应力求准确可信；筛选所收集的数据，从中剔除及修正有明显误差的数据。

（6）建立费用估算模型并计算　根据已确定的估算目标与估算方法及已建立的费用分解结构，建立适用的费用估算模型，并输入数据进行计算。计算时，要根据估算要求和物价指数及贴现率，将费用换算到同一个时间基准。

（7）不确定性因素与敏感度分析　不确定性因素主要包括与费用有关的经济、资源、技术、进度等方面的假设，以及估算方法与估算模型的误差等。对某些明显的且对再制造周期费用影响重大的不确定因素和影响费用的主宰因素（如可靠性、维修性及某些新技术的引入）应当进行敏感度分析，以便估计决策风险和提高决策的准确性。

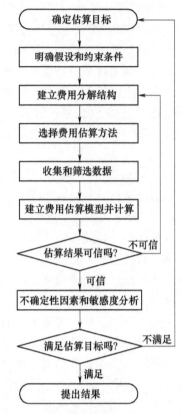

图 2-4　再制造周期费用估算的一般程序[6]

（8）获得结果　整理估算结果，按要求编写再制造周期费用估算报告。

2.4.4　再制造周期费用分解

为了估算与分析再制造周期费用，需要首先建立再制造周期费用的分解结构。再制造周期费用分解结构是指按废旧产品再制造周期中的工作项目，将再制造费用逐级分解，直至基本费用单元为止，所构成的按序分类排列的费用单元的体系，简称为再制造周期费用分解结构。这里费用单元是指构成再制造周期费用的项目；基本费用单元是指可以单独进行计算的费用单元。

典型再制造周期费用分解结构的主要费用单元包括再制造加工费、废旧产品购置费、动力环境费、材料设备费、工资附加费、管理费等。废旧产品典型再制造费用分解结构如图2-5 所示。不同类型的产品再制造可以有不同的费用分解结构。费用分解结构的详细程度，可以因估算的目的和估算所处的再制造周期阶段的不同而异。图 2-5 中的费用分解结构还可根据具体情况再继续细分。再制造周期费用分解结构一般应遵循以下要求：

1）必须考虑废旧产品再制造整个系统在再制造周期内发生的所有费用。

2）每个费用单元必须明确定义，与其他相关费用单元的界面分明，并为各方费用分析人员及项目管理人员所共识。

3）费用分解结构应当与产品再制造项目的计价以及管理部门的财会类项目相协调。

4）每个费用单元要有明确的数据来源，要赋予可识别的标记符号及数据单元编号。

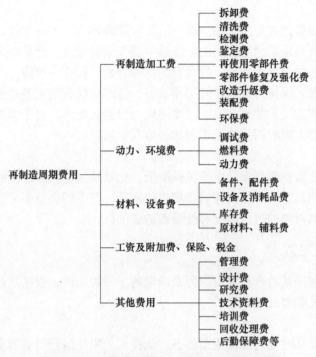

图 2-5　废旧产品典型再制造费用分解结构[7]

2.5　再制造时机分析

2.5.1　产品寿命的浴盆曲线

在产品的技术寿命中共有三个明显的失效阶段，即早期故障期、偶发故障期、损耗故障期。这三个时期具有非常明显的特点，可用"浴盆曲线"图形来表示产品的这三个阶段（图 2-6），典型的再制造时间点位于产品偶然故障期的末段位置[8]。不同的再制造时机选择，也影响着产品的再制造性。

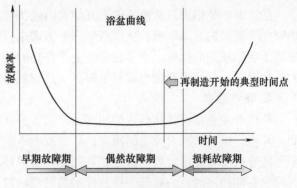

图 2-6　产品寿命周期的浴盆曲线

1. 早期故障期

早期故障期在设备投产前的调整或试运转阶段。这一阶段故障较多，故障率较高，随着磨合及故障的排除，故障率逐步降低并趋于稳定。产品早期故障期的故障形态反映了产品设计、制造及安装的技术质量水平，也与调整、操作有直接关系。这时期的产品往往在保质期内，如果发生了不可恢复的故障，或者用户退货，则需要对该产品进行再制造。

2. 偶然故障期

偶然故障期在设备正常使用阶段。这一阶段故障率较低，为一常量。这一阶段的故障不可预测，不受运行时间影响而随机发生。经过早期失效阶段后，产品将进入最低失效率的偶然故障期，这是设备的最佳工作期，即设备的有效寿命。在这一阶段，产品及其零件都能够按照它设计时的要求，保持持久的良好工作状态。这时期的失效主要是由于一些偶然的原因而产生，例如由一些非正常的事故或者过度的应力引起的故障。对于偶然原因引起的产品退役可以进行再制造，大量的再制造位于偶然故障期的末段。

3. 损耗故障期

损耗故障期在设备使用后期。由于机械磨损、化学腐蚀及物理性质的变化，设备故障率开始上升。在经过比较长的工作时间的偶然故障期后，产品的失效率又会重新迅速上升，这主要是由于零件及其材料的过度磨损和疲劳而造成的。

2.5.2　产品退役形式

废旧产品退役时间是由产品退役原因来确定的。一般来讲，根据当前的实际产品服役状态，产品存在以下几种寿命形式。

1. 物理寿命

物理寿命是指产品在规定的使用条件下，从投入使用开始到因有形磨损导致设备不能保持规定功能而中止使用的时间，也称自然寿命。通过产品的正确使用、维护和修理可以延长产品的物理寿命。而且产品物理寿命的到期并不代表其所有的零部件寿命到达末端，这为再制造提供了良好的物质基础。

2. 技术寿命

技术寿命是指设备从投入使用开始，到因第二种无形磨损导致功能落后而用户中止使用的时间。当前技术的飞速发展，导致了技术更新换代速度的加快，尤其是电子类产品，它是当前设备退役的一个主要原因，通过再制造升级可以提高产品的技术性能，从而延长产品的技术寿命。

3. 经济寿命

经济寿命是指设备从投入使用开始到因经济性权衡结果而中止使用的时间，它受有形磨损和无形磨损的共同影响，从经济年限上考虑退役的最佳时刻。一台设备如果已经到了继续使用不能保证产品质量，或者在经济上不合算的程度，且进行修理或现代化改装的费用又太大的情况时，其经济寿命也就到了终点，这时就必须对设备进行报废。

4. 环境寿命

环境寿命是指设备从投入使用到因产品本身或其使用违反新的环境法规而中止使用的时间。环境污染的加剧及资源的匮乏，导致政府不断加强环境保护力度，可能提高设备使用的限制或导致设备使用对象的匮乏，从而使设备因环境法规的限制而退役。例如当对发动机尾气排放标准提高时，一些低于排放标准的发动机就无法继续使用。

5. 偏好寿命

偏好寿命是指产品从投入使用到产品因用户个人的喜好而放弃的使用时间。现代物质文化生活的提高，人们的欣赏水平或兴趣偏好的变化，往往也会导致用户放弃自己正使用的产品。尤其是电子类产品，随着物质生活的极大丰富和人民生活水平的提高，越来越多的人在使用中出现偏好报废，例如可能单纯因颜色或款式而被用户废弃的手机等电子产品。

由以上可知，物理寿命是设备最长的寿命形态，也是通常所表述的产品寿命，其他因技术、经济、环境、偏好等原因而退役的产品，都没有达到物理寿命，往往是在产品物理寿命的中间某一阶段来完成的，即它们的零件大多是没有失效的。但物理寿命并不就是使用寿命，在物理寿命的后期，磨损加快，故障增多，需要投入更多的人力、物力和财力才能保持设备的正常运行。因此根据不同的产品退役寿命阶段，可以采取相应的再制造方式，来满足产品寿命延长的需求。

2.5.3 再制造时机选择

再制造是消除设备有形磨损和无形磨损的重要手段。正确选择再制造时机，有效地掌握待再制造产品在其使用寿命中的位置，是保证再制造产品更加可靠的主要因素。

再制造时机是指设备工作多长时间，或在全寿命周期中的哪个阶段才进行某种再制造的选择。通常也称为再制造方式选择。再制造时机选择中既要考虑自然寿命、技术寿命、经济寿命，也要考虑环境寿命等，自然寿命是使用寿命的前提与基础。

根据对产品寿命形态的分析，可以确定对产品再制造时机的控制方式。

1. 物理寿命末端的再制造

物理寿命末端再制造是指在产品到达物理寿命末端时，对产品开始进行再制造。它是当机械设备报废退役后，才进入再制造企业进行再制造，以恢复原产品的性能为目的。它必须充分准备人力、工具、备件等再制造资源，以便有效地完成再制造，这也是当前最主要采用的一种再制造方式，主要发生在产品退役后。

产品设计时虽然要求采用等寿命设计，即各零部件的寿命等同于产品的寿命，以降低零部件的性能要求和资源消耗。但实际上的等寿命设计只是一种理想化状态，退役产品中相当多的零部件其寿命还处于偶然故障期，失效率非常低且可靠性比较高，而且可以使用一个新的产品寿命周期。例如废旧机床的床身，在经过长期使用后，相当于进行了长时间的时效处理，其内部的残余应力得到了充分的消除，保持了较高的形状精度，经过对接合面的恢复，完全可以使用多个寿命周期。因此在再制造前，必须了解产品及其零部件在寿命的浴盆曲线关系图中明确的位置，正确地预测它在下一个产品使用寿命周期中的可靠性。但在再制造过程中，对使用的废旧件只要不能确定零部件的剩余寿命，或者确认零部件将很快进入磨损失效比较高的损耗故障期，则不能再直接利用这个零部件，需要更换或进行零部件再制造。尤其在与汽车安全相关的零部件方面，例如汽车的转向器、制动器等零件的再制造，更要加强对废旧件剩余寿命的检测。

2. 产品物理寿命中的定期再制造

定期再制造是在产品物理寿命中期采取再制造的一种方式，是预防再制造的一种，根据产品使用时间来确定再制造间隔期。它以使用时间为再制造期限，只要达到预先规定的时间，不管其技术状态如何，都要进行再制造。这是一种带有强制性的预防再制造方式。例如发动机到达规定的工作时间后必须进行大修，而目前济南复强动力有限公司采用对到达大修期限的发动机进行再制造的方式，相对大修模式来说，具有更高的综合效益。定期再制造可以使设备零部件在未到达极限时进行再制造，可以减少工作量和提高效益。

定期再制造的依据是设备的磨损规律，关键是准确地掌握设备的故障率曲线，即在偶然故障期结束时，故障率随时间迅速上升到进入损耗故障期之前，进行再制造。定期再制造的优点是容易掌握再制造时间、计划、组织管理，有较好的预防故障、提高设备可靠性的作用。但这种方式主要考虑以磨损规律为决策依据，对其他失效形式未考虑在内，缺乏对实际情况的应变。

3. 在役时的视情再制造

视情再制造发生在产品使用的过程中，它不是根据故障特征，而是由机械设备在线监测和诊断装置预报的实际情况来确定再制造时机和内容。当监测到的情况，通过维修无法达到要求时，可以对其进行再制造，以全面恢复其性能和可靠性。在线监测包括状态检查、状态校核、趋向监测等项目，并定期按计划实施，需要投资和经常性费用，是一种最有效的再制造时机确定方式。

视情再制造适用于：①属于耗损型的设备，且有如磨损那样缓慢发展的故障特点，能估计出量变到质变的时间；②难以依靠人的感官和经验去发现故障，又不允许对机械设备任意解体检查；③对那些机件故障直接危及安全，且有极限参数可监测；④除本身有测试装置外，必须有适当的监控或诊断手段，能评价机件的技术状态，指出是否正常，以便决定是否立刻再制造；⑤传统的视情维修无法全面恢复设备到用户指定的要求状态。视情再制造的优点是可以充分发挥设备的潜力，提高设备预防损毁的有效性，减少再制造工作量及人为差错。但视情再制造要求有一定的诊断检测条件，根据实际需要和可能来决定是否采用视情再制造，检测成本高。

4. 非正常退役产品的机会再制造

机会再制造主要针对环境报废、偏好报废或因意外事故而损毁报废的产品，它主要发生在产品非正常退役情况下，即发生在使用过程中，产品尚未到达物理寿命的末端时进行的一种再制造。机会再制造是与视情维修或定期再制造同时进行的一种有效的再制造活动。例如厂家生产的新汽车发动机，也可能在使用早期就因材料失效而导致整个发动机故障，无法修复，则只能返回再制造厂进行再制造。或者因非正常原因导致的不可修复故障，都会使产品非正常退役而进行机会再制造。

产品在使用中是采用再制造还是维修方式，要进行综合的经济效益和环境分析，科学地选择最佳的方式。综合经济效益分析包括对再制造或维修后产品的性能分析、再制造或维修的费用投入分析、环境效益及社会效益分析等多方面因素。

2.6 再制造环境分析

2.6.1 生命周期评价概述

生命周期评价（life cycle assessment，LCA）是一种评价产品、工艺从原材料的采集到产品生产、使用回收和废弃的整个生命周期中能量和物质的消耗，以及对环境的损害。它是将整个生命周期中物耗、能耗和环境的影响量化，然后进行评价和分析[9]。生命周期评价作为环境系统评价的分支之一，它主要研究三个方面的环境影响：资源消耗、生态健康和人类健康。通过正确的生命周期评价，可以协助确定再制造性设计中环境影响的确定及参数选择。

LCA 是一个环境管理工具，它能够对环境影响定量化以及对整个产品、工艺或行业生命周期的潜在影响定量化。虽然 LCA 早已应用于某些工业部门，但从 20 世纪 90 年代才引起广泛的重视，并被作为具有可操作性的环境影响评价决策工具。如在 ISO14000 环境管理系统（EMS）、环境管理、项目审计（EMAS）以及综合环境预防和控制条例（IPPC）中，都要求企业对它们的行为产生的环境后果有足够的了解，采用 LCA 是一种有效的方法。

2.6.2 再制造周期环境影响评价

再制造周期环境影响评价是指对产品在再制造过程内的能量和物质的消耗以及对环境的损害进行评价，这是生命周期评价的重要阶段。对再制造过程进行环境影响评价，可以采取传统的生命周期评价的方法来参考进行。

LCA 的基本框架和程序如图 2-7 所示，包括四个方面的内容：评价目的和边界的确定；清单分析；影响评价；改进评价。

图 2-7　LCA 的基本框架和程序[9]

1. 评价目的和边界的确定

再制造周期环境影响评价的目的是评价再制造生产周期流程对环境造成的影响。通常是对整个废旧产品再制造流程系统进行的评价。评价可以在再制造执行前进行，主要对不同的再制造方案的环境影响进行评价，选择较优的方案执行再制造生产；如果是在再制造生产周期中进行评价，则目的是寻求在此种操作下对环境的最小破坏和最小影响的生产方式。再制造过程的环境影响评价目的至少应包括以下内容：①引入研究的原因；②研究的对象（产品还是工艺）；③评价分析的因素和忽略的因素；④评价结果如何应用。

为了有助于突出研究重点和思路，明确研究的结果是服务于何种目的或希望得到什么样的信息，即明确目的是非常重要的。同时，研究的深度也与研究的目的有关联，在某些情况下要求有足够的深度。有时研究是为了比较工艺，有时是为了比较产品。图 2-8 所示为再制造周期环境影响评价分析的目标。

图 2-8　再制造周期环境影响评价分析的目标

再制造周期环境影响评价的边界条件是指再制造生产工艺中各工序的哪些条件应包括在内，哪些条件应排除在外。由于多种因素相互作用，首先要明确相关因素和独立因素。在再制造过程的环境影响评价中，系统边界描述为"从废旧产品到再制造产品"，即包括从废旧产品变成再制造产品的再制造全过程中所有的环境负荷和影响，因此输入再制造系统内的是资源，包括能量、材料、废旧毛坯、新配件等。再制造系统的功能在范围定义中应具体化，并表达为再制造功能单元，作为系列递推的功能度量。

设置再制造周期环境评价系统边界时，区分内部系统和外部系统很有必要。内部系统定义为一系列直接与生产和使用过程相关联的工艺流程或单元，这种工艺流程或单元能递推出目标和范围所定义的功能单元。外部系统是那些提供能源和材料到内部系统的部门，通常经由一个共同的市场，不能区分生产企业的具体状况。确定内部系统和外部系统的差别也是重要的，对于确定使用的数据类型，内部系统可由某个具体的工艺过程数据描述，而外部系统通常由不同的生产工艺过程的混合数据代表，因此确定合适的系统边界是非常关键的一步。

2. 清单分析

一个再制造生产周期环境评价的完整的清单分析包括对资源、能源和环境排放进行定量化的步骤，涵盖了原材料和能源的获取、零件的加工生产以及配件物流等。为减少再制造周期环境影响评价中清单分析的主观性，需要遵守以下一些基本的准则。

（1）定量性 所有数据应当定量化，可以用合适的质量控制所证实。任何对数据和方法的假设都必须具体化。

（2）重复性 信息和方法的来源足以描述能由同行得到的相同结论，证据要充分，可以解释产生的任何误差。

（3）科学性 数据的取得和处理方法有科学依据。

（4）综合性 应包括所使用的主要能源、材料和废弃物排放。由于数据的可靠性受时间、成本的限制，所忽略的因素应当清楚地说明。

（5）实用性 使用者在编目分析所涵盖的范围内能得出合适的结论，对使用者应用的限制条件应当清楚地注明。

（6）同行检验 倘若研究的结果被公开引用，这些结果要求同行检验过。

在清单分析阶段，要完成材料和能源的平衡分析以及环境负荷的定量化。环境负荷定义为资源的消耗和大气、水和固体废弃物排放物当量的大小。对于具体的再制造周期分析清单将提供一个定量的输入、输出目录。一旦清单分析完成和核实，其结果便可用于影响分析和改进分析阶段。再制造周期环境影响分析的结果也可用于确定一种或多种产品或工艺是否优于其他产品或工艺的选择依据，而这种依据是基于产品对环境的总的影响程度。输入和输出清单目录必须客观，主要的客观因素包括：

1）与可以选择的产品、材料或工艺进行输入/输出对比分析。

2）着眼点放在确定再制造周期或给定的工艺内所需资源和排放最有潜力的削减点。

3）有助于促进能减少总体排放的新再制造产品开发。

4）建立一个共同的比较基准线。

5）有助于提高人们对与产品或工艺有关的环境影响的关注。

6）有助于提高产品可持续利用的能力。

7）能够对影响资源的使用、回收或排放的公共政策评价提供相关信息。

3. 影响评价

影响评价是对清单阶段所识别的环境影响压力进行定量或定性的表征评价，即确定产品系统的物质、能量交换对其外部环境的影响。影响评价应考虑对生态系统、人体健康以及其他方面的影响。再制造周期的环境影响评价阶段是将得到的各种排放物对现实环境影响进行定性、定量的评价，这是环境影响评价最重要的阶段，也是最困难的环节。一般可将环境影响分为三个阶段：分类、特性化和评价。

到目前为止，还缺乏公认的影响评价方法。由 Heijungs 等人提出的用于表征和定量了环境影响方法得到了一定应用。在这种方法中，环境负荷按照对特定的潜在环境影响，例如温室效应、酸化、臭氧层破坏等的相对贡献进行累积，如 CO_2 作为确定与温室效应有关的其他气体（CH_4、VOCs）的参照。为了构造基本模型，在研究过程中需要对整个产品或工艺给出流程图，然后对每道工序给出详细的工艺投入/产出数据图。将工序数据图综合到产品或工艺的流程图中，得到生命周期数据链图。由生命周期编目给出大量详细的信息，研究者需要选择合适的内容格式，由此就可将收集的数据转变为信息，对其进行处理和解析提供给使用者作为实际应用。提供的信息应当是综合信息，而不应过于简化。这些信息可以以图表的形式出现，至少应包括如下内容：①给出总的能耗结果；②给出工序过程的物耗、能耗情况；③给出工艺废气、废水、固体废渣的排放结果；④给出能源回收利用的情况。

4. 改进评价

再制造周期环境影响评价的最终阶段是改进评价，评价目标定位于判别系统行为改进的可能性，这一阶段也称为解释。除了改进和革新建议外，还包括对于环境影响、敏感性分析和最终建议确定。在再制造周期环境影响评价中，这些附加的步骤包括在评价目的、边界定义和清单中。在进行结果解析时，应当注意数据的精度。对于同样的工艺，不同的企业可以采用相似的或不同的材料、能源结构和技术产品，且其使用效率也不尽相同。另外，不同地区或地域的企业也可能在不同的环境法规下生产，因此在使用这些数据前需要考虑这些因素。

当然，仅通过环境影响评价而不考虑经济效益以及各种制约条件（资源、资金、劳动力及社会条件等）还不能对一个再制造产品得出完整的结论，但是再制造周期环境影响评价作为各种评价手段的第一步，对保护环境、减轻污染、降低能耗无疑是十分重要的。

2.7　再制造性分析

再制造性分析是一项内容相当广泛的、关键性的再制造性设计工作，它包括研制过程中对产品需求、约束、研究与设计等各种信息进行的反复分析、权衡、建模，并将这些信息转化为详细的设计指标、手段、途径或模型，以便为设计与保障决策提供依据。

2.7.1　再制造性分析的目的与过程

再制造性分析的目的可概括为以下几方面：

1）确立再制造性设计准则。这些准则应是经过分析，结合具体产品所要求的设计特性。

2）为设计决策创造条件。通过对备选的设计方案分析、评定和权衡研究，以便做出设计决策。

3）为保障决策（确定再制造策略和关键性保障资源等）创造条件。显然，为了确定产品如何再制造、需要什么关键性的保障资源，就要求对产品有关再制造性的信息进行分析。

4）考察并证实产品设计是否符合再制造性设计要求，对产品设计再制造性的定性与定量分析，是在验证试验之前对产品设计进行考察的一种途径。

图 2-9 所示为再制造性分析过程示意图。整个再制造性分析工作的输入是来自订购方、承制方和再制造方三方面的信息。订购方的信息主要是通过各种合同文件、论证报告等提供的再制造性要求和各种使用与再制造、保障方案要求的约束。承制方自己的信息来自各项研究与工程活动的结果，特别是各项研究报告与工程报告。其中最为重要的是维修性、人素工程、系统安全性、费用分析、前阶段的保障性分析等的分析结果。再制造方主要提供类似的再制造性相关数据以及再制造案例。当然，产品的设计方案，特别是有关再制造性的设计特征，也是再制造性分析的重要输入。通过各种分析，将能选择、确定具体产品的设计准则，选择与确定设计方案，以便获得满足包含再制造性在内各项要求的协调产品设计。再制造性分析的输出，还将给再制造性分析和制订详细的再制造计划提供输入，以便确定关键性（新的或难以获得的）的再制造资源，包括检测诊断硬件、软件和技术文件等。

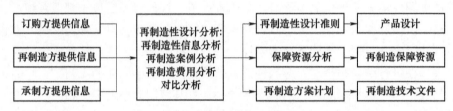

图 2-9　再制造性分析过程示意图

由此可见，再制造性分析好比整个再制造性工作的"中央处理机"，它把来自各方的信息（订购方、承制方、再制造方，再制造性及其他工程）经过处理转化，提供给各方面（设计、保障），在整个研制过程中起着关键性作用。

2.7.2　再制造性分析的内容

再制造性分析的内容相当广泛，概括地说就是对各种再制造性定性与定量要求及其实现措施的分析、权衡。其主要内容如下：

1）再制造性定量要求，特别是再制造费用和再制造时间。

2）故障分析定量要求，如零件故障模式、故障率、修复率、更换率等。

3）采用的诊断技术及资源，例如，自动、半自动、人力检测测试的配合，软、硬件及现有检测设备的利用等。

4）升级性再制造的费用、频率及工作量。

5）战场或特殊情况下损伤的应急性再制造时间。

6）非工作状态的再制造性问题，例如，使用中的再制造与再制造间隔及工作量等。

2.7.3　再制造性设计分析方法

再制造性设计分析可采用定性与定量分析相结合的方法进行，主要有以下几种分析方法。

（1）故障模式及影响分析（FMEA）——再制造性信息分析　要在一般产品故障或零件失效分析基础上着重进行"再制造性信息分析"和"损坏模式及影响分析（DMEA）"。前者可确定故障检测、再制造措施，为再制造性及保障设计提供依据；后者为意外突发损伤应急再制造措施及产品设计提供依据。

（2）运用再制造性模型　根据前述的输入和分析内容，选取或建立再制造性模型，分析各种设计特征及保障因素对再制造性的影响和对产品完好性的影响，找出关键性因素或薄弱环节，提出最有利的再制造性设计和测试分析系统设计。

（3）运用寿命周期费用（LCC）模型　在进行再制造性分析，特别是分析与明确设计要求，设计与保障的决策中，必须把产品寿命周期费作为主要的考虑因素。要运用LCC模型，确定某一决策因素在LCC中的影响，进行有关费用估算，作为决策的依据之一。

（4）比较分析　无论是在明确与分配各项设计要求，还是选择与保障方案，乃至在具体设计特征与保障要素的确定中，比较分析都是有力的手段。比较分析主要是将新研产品与类似产品（比较系统）相比较，利用现有产品已知的特性或关系，包括使用再制造中的经验教训，分析产品的再制造性及有关保障问题。分析可以是定性的，也可是定量的。

（5）风险分析　无论在考虑再制造性设计要求还是保障要求与约束时，都要注意评价其风险，不能满足这些要求与约束的可能性与危害性，并采取措施预防和减少其风险。

（6）权衡技术　各种权衡是再制造性分析中的重要内容，要运用各种各样的综合权衡技术，如利用数学模型和综合评分、模糊综合评判等方法都是可行的。

以上各项，属于一般系统分析技术，在再制造性分析时要针对分析的目的和内容灵活应用。例如，在LCC模型中，可以不计及与再制造性无关的费用要素。

2.7.4　综合权衡分析

综合权衡是为了使系统的某些参数优化，而对各个待选方案进行分析比较，确定其最佳组合的过程。权衡分析贯穿于产品的整个研制过程，从论证阶段的参数选择和指标确定，到设计方案、保障方案和再制造方案的确定，无不使用综合权衡分析技术。综合权衡分析中会涉及性能、可靠性、再制造性、费用、进度和风险等多种因素。综合权衡分析可以是定性的也可以是定量的。涉及再制造性的有关综合权衡项目有：可靠性与再制造性的权衡；原件恢复与换件再制造的权衡；再制造方案的评定；再制造性与经济费用的权衡；系统再制造与再制造级别的确定等。权衡方法主要包括：以利用率为约束的权衡，以费用为约束的权衡，定性与定量相结合的权衡等。

参 考 文 献

[1] ROBOT T L. The remanufacturing industry-hidden giant［R］. Research Report, 1996.

[2] 徐滨士. 装备再制造工程的理论与技术［M］. 北京：国防工业出版社, 2007.

[3] 陈学楚. 现代维修理论［M］. 北京：国防工业出版社, 2003.

［4］徐宗昌.保障性工程［M］.北京：兵器工业出版社，2002.

［5］陈冠国.机械设备维修［M］.北京：机械工业出版社，2001.

［6］朱胜，姚巨坤.再制造设计理论及应用［M］.北京：机械工业出版社，2009.

［7］何嘉武，姚巨坤.装备再制造费用及其预测方法［J］.装甲兵工程学院学报，2010，24（6）：89-91.

［8］何庆著.绿色设备管理与维修［M］.北京：机械工业出版社，2006.

［9］邓南圣，王小兵.生命周期评价［M］.北京：化学工业出版社，2003.

第 3 章

再制造性基础

再制造性是直接表征产品再制造能力大小的本质属性，属于绿色设计的、面向环境的产品设计等领域的重要内容，产品的可靠性、维修性与测试性对产品再制造能力具有显著的影响，也是进行再制造性设计的重要参考内容。再制造性可以进行定量和定性设计，增强产品的再制造性设计，需要在定量设计时，明确再制造性的相关参数及指标，便于定量化表示产品的再制造性。

3.1 可靠性、维修性与测试性概述

与产品再制造有关的质量特性，主要是可靠性、维修性和测试性。可靠性是要求装备在长期使用过程中不出故障或少出故障；维修性是要求装备易于预防故障，即使出了故障也能较快地排除或恢复；而测试性则反映了产品能及时并准确地确定其状态，并隔离其内部故障的一种能力。可靠性、维修性和测试性是产品的重要技术指标，是使产品保持、恢复乃至提高使用能力的重要因素。产品可靠性、维修性和测试性是设计属性，是系统质量的重要特征，是制约产品性能费用比的重要因素，也与产品的再制造性息息相关，对促进再制造性的提高具有重要作用。

3.1.1 可靠性

1. 可靠性的基本概念

可靠性是产品在规定的条件下和规定的时间内，完成规定功能的能力[1]。

所谓"规定的条件"是指设计时考虑的环境条件（如温度、压力、湿度、振动、大气腐蚀等）、负荷条件（载荷、电压、电流等）、工作方式（连续工作或断续工作）、运输条件、存储条件及使用维护条件等。设备处于不同条件下，其可靠性是不同的，对上述各种条件的适应性越强，则可靠性越好。

"规定的时间"是指产品的有效使用期限。随着时间的推移，产品的可靠性将越来越低，产品只能在某一时限范围内是可靠的。产品在设计时应规定其时间性指标，如使用期、有效期、行驶里程、作用次数等。

"规定的功能"是指产品的性能指标，这里所说的"完成规定的功能"是指若干功能的全体，而不是其中的一部分。在判断产品是否具有完成规定功能的能力时，人们往往有不同的理解，因此必须规定明确的功能判据。

从应用角度出发，可靠性可分为固有可靠性和使用可靠性。固有可靠性是产品在设计、制造过程中赋予的，是在理想的使用及保障条件下的可靠性，用于描述产品的设计和制造的可靠性水平；使用可靠性是装备在实际使用和维修过程中表现出来的可靠性，它受到设计、安装、质量、环境、使用、维修的综合影响。设备的使用可靠性与其固有可靠性会有很大的差距。从设计的角度出发，可靠性可分为基本可靠性和任务可靠性。前者是产品在规定条件下无故障的持续时间或概率，考虑要求保障的所有故障的影响，用于度量产品无须保障的能力；后者是产品在规定的任务剖面（"剖面"的含义是对所发生的事件、过程、状态、功能以及所处环境的描述）中完成规定功能的能力，仅考虑造成任务失败的故障影响，用于描述产品完成任务的能力。

2. 可靠性工程

可靠性工程是指为了达到装备的可靠性要求而进行的有关设计、试验、生产等一系列技术和管理活动。其主要目标是保障装备在使用过程中不出或少出故障。

可靠性工程的内容包括可靠性管理、可靠性设计和可靠性试验。其基本任务就是通过各种途径，如设计、试验、系统分析等来确定产品的失效机理、失效模式以及各种可靠性特征量全部数值或范围，通过产品的生命周期中的一系列活动来获得提高产品可靠性的各种措施，从而实现产品可靠性的最优化。

可靠性工程于20世纪50年代后期发展成为一门独立的工程学科，它在提高装备的使用性能、减少维修负荷及费用等方面发挥了重要作用。

3. 可靠性的度量

（1）可靠度　产品在规定的条件下和规定的时间内，完成规定功能的概率称为产品的可靠度函数，简称可靠度，记为 $R(t)$[1]。

设 T 为连续随机变量，表示产品从开始工作到发生故障的连续工作时间，t 为某一指定时间，则在时刻 t 产品可靠工作的概率为

$$P(T > t) = R(t) \tag{3-1}$$

可靠度与 t 有关，$R(t)\big|_{t=0} = 1$，$R(t)\big|_{t=\infty} = 0$。

对立事件的概率，即故障分布函数或不可靠度为

$$P(T < t) = F(t) \tag{3-2}$$

由于产品在同一时间 t 里两者是对立事件，因此其概率和总是1，即

$$R(t) + F(t) = 1 \tag{3-3}$$

设有一批同类产品 N（相当大）个，从 $t = 0$ 时开始使用（试验），到时间 t 有 N_f 个产品发生故障，余下 N_s 个（残存数）还在继续工作。N_f 和 N_s 都是时间的函数，因此可以写为 $N_f(t)$ 和 $N_s(t)$。可知

$$N_f(t) + N_s(t) = N$$

由于某个事件的概率可用大量试验中该事件的发生频率来估计，因此经验可靠度 $R^*(t)$ 和经验故障分布函数 $F^*(t)$ 可表示为

$$R^*(t) = \frac{N_s(t)}{N} = \frac{N - N_f(t)}{N} \tag{3-4}$$

$$F^*(t) = \frac{N_f(t)}{N} \tag{3-5}$$

定义故障分布函数的导数为故障密度（或故障密度函数），用 $f(t)$ 表示，即

$$f(t) = \frac{\mathrm{d}F(t)}{\mathrm{d}t} = -\frac{\mathrm{d}R(t)}{\mathrm{d}t} \tag{3-6}$$

如果在 t 时刻后的时间间隔 Δt 内产品发生故障的数量为 $\Delta N_{\mathrm{f}}(t)$，则可求出该时间间隔内的经验故障密度 $f^*(t)$ 为

$$f^*(t) = \frac{1}{N}\frac{\Delta N_{\mathrm{f}}(t)}{\Delta t} \tag{3-7}$$

显然，当 N 越大时，Δt 越小，$f^*(t)$ 越趋近于 $f(t)$。

（2）故障率　故障率是产品可靠性特征的重要指标，能比较灵敏地反映产品的故障特性。电子组件就是按故障率大小来评价其质量等级的。对元器件来说，工厂往往只给这一个指标。故障率分为瞬时故障率和经验故障率两种。

瞬时故障率指在时刻 t 正常工作着的产品，在其后 $t+\Delta t$ 的单位时间内发生故障的条件概率，称为产品在时刻 t 的瞬时故障率，用 $\lambda(t)$ 表示。即

$$\lambda(t) = \lim_{\Delta t \to 0}\frac{1}{\Delta t}P(t < T \leqslant t + \Delta t \mid T > t) \tag{3-8}$$

进一步整理可得

$$\lambda(t) = \frac{f(t)}{R(t)} \tag{3-9}$$

或

$$R(t) = \exp\left[-\int_0^t \lambda(t)\,\mathrm{d}t\right] \tag{3-10}$$

经验故障率

$$\lambda^*(t) = \frac{\Delta N_{\mathrm{f}}(t)}{\overline{N_{\mathrm{s}}}(t)\Delta t} \tag{3-11}$$

式中

$$\Delta N_{\mathrm{f}}(t) = N_{\mathrm{f}}(t + \Delta t) - N_{\mathrm{f}}(t)$$

$$\overline{N_{\mathrm{s}}}(t) = \frac{N_{\mathrm{s}}(t) + N_{\mathrm{s}}(t + \Delta t)}{2}$$

（3）平均寿命　在可靠性工程中，所谓寿命是指产品从开始使用的时刻到发生故障的时刻的时间段。产品寿命的平均值或数学期望称为该产品的平均寿命。设平均寿命以 t_{a} 表示，则

$$t_{\mathrm{a}} = \int_0^\infty tf(t)\,\mathrm{d}t \tag{3-12}$$

可导出

$$t_{\mathrm{a}} = \int_0^\infty R(t)\,\mathrm{d}t \tag{3-13}$$

对不可修复产品来说，平均寿命就是平均故障前时间，记作 MTTF（mean time to failure）；对于可修复产品来说，平均寿命就是平均故障间隔时间，记作 MTBF（mean time between failure）。

在规定的条件下和规定的时间内，产品的故障总时间与故障总数之比为经验平均寿命，记作 t_{a}^*。即

$$t_{\mathrm{a}}^* = \frac{\sum_{i=1}^{N} t_i}{N} \tag{3-14}$$

式中　N——试验（或使用）的总次数；

　　　t_i——第 i 个（或等 i 次）产品故障前（或故障间）工作时间。

有关寿命的其他可靠性参数有可靠寿命（在规定可靠度下产品的工作时间）、特征寿命（可靠度为 e^{-1} 时的可靠寿命）等。

3.1.2　维修性

1. 维修性的基本概念

维修性是指产品在规定的条件下和规定的时间内，按规定的程序和方法进行维修时，保持或恢复其规定状态的能力，其概率度量称为维修度[2]。所谓"规定的条件"是指维修机构、场所（工厂、基地、车间、维修所及使用现场等）及相应的人员与设备、设施、工具、备件、技术资料等资源；"规定的程序和方法"是指按技术文件规定采用的维修工作类型、步骤、方法等。

维修性是产品的一种质量特性，它决定着产品的故障易于发现和排除的程度，直接影响着维修工作量的大小，对维修人员水平和数量、维修设备等的要求，以及维修费用的高低。同可靠性一样，维修性虽然也是产品的固有属性，但它不仅取决于产品本身，还取决于与维修有关的维修人员素质、维修设施、维修方式方法和管理水平等因素。在进行维修性设计时必须考虑这些因素。

2. 维修性工程

维修性工程是为了达到产品的维修性要求所进行的设计、研制、生产、试验等一系列技术工作与控制、监督等管理活动（包括使用阶段维修性数据的收集、处理与反馈等）[1]。维修性工程的重点是通过科学论证，确定产品合理的维修需求，并通过设计、分析、制造和验证等系统工程活动，赋予产品良好的维修品质。

维修性工程始于 20 世纪 50 年代。1966 年美国国防部颁发了三个维修文件，标志着维修性工程已成为一门独立的学科。而后美、英等西方国家在这方面开展了大量的应用研究，推动了维修性工程的发展。

3. 维修性的度量

（1）维修度　维修度是指产品在规定的条件下和规定的时间内，按规定的程序和方法进行维修时，保持或恢复其规定状态的概率。

如果用随机变量 τ 来表示完成维修的时间，t 表示某一规定时间，则维修度 $M(t)$ 为

$$M(t) = P(\tau \leqslant t) \tag{3-15}$$

设 N 为维修的同类产品总数，$N_r(t)$ 为 t 时间内完成维修的产品数，则经验维修度

$$M^*(t) = \frac{N_r(t)}{N} \tag{3-16}$$

定义维修度的导数为维修密度（或维修密度函数）$m(t)$，有

$$m(t) = \frac{\mathrm{d}M(t)}{\mathrm{d}t} = \lim_{\Delta t \to 0} \frac{M(t+\Delta t) - M(t)}{\Delta t} \tag{3-17}$$

（2）修复率 在时刻 t 未能修复的产品，在时刻 t 之后单位时间内完成修复的条件概率称为修复率，用 $\mu(t)$ 表示。即

$$\mu(t) = \lim_{\Delta t \to 0} \frac{1}{\Delta t} P(t < \tau \leqslant t + \Delta t \mid \tau > t) = \frac{m(t)}{1 - M(t)} \tag{3-18}$$

进一步可得

$$M(t) = 1 - \exp\left[-\int_0^t \mu(t)\,\mathrm{d}t\right] \tag{3-19}$$

（3）平均修复时间 平均修复时间是指在规定的条件下和规定的时间内，产品在任一规定的维修级别上，修复性维修总时间与该级别上被修复产品的故障总数之比，记作 MTTR（mean time to repair）或 M_{cta}。

设 t_i 为第 i 次修复时间，N 为修复次数，则

$$M_{\mathrm{cta}} = \frac{\sum_{i=1}^{N} t_i}{N} \tag{3-20}$$

MTTR 是使用最广的基本维修性参数，此外还有最大修复时间（完成维修工作量 90% 或 95% 时的维修时间）、中位维修时间（完成维修工作量 50% 时的维修时间）、维修工时率等参数。

3.1.3 测试性

1. 基本概念

装备的可靠性再高也不能保证永远正常工作，使用者和维修者要掌握其健康状况，要确知有无故障或何处发生了故障，这就要对其进行监控和测试。人们希望装备本身能为此提供方便，这种装备本身所具有的便于监控其健康状况、易于进行故障诊断测试的特性，就是装备的测试性。

《装备测试性工作通用要求》（GJB 2547A—2012）将测试性定义为：产品能及时、准确地确定其内部状态（可工作、不工作或性能下降程度），并隔离其内部故障的一种设计特性[3]。对于测试性定义的内涵，需从如下几个方面进行理解。

1）测试性描述了测试信息获取的难易程度。测试性包括两方面的含义：一方面，便于对装备的内部状态进行控制，即所谓的可控性；另一方面，能够对装备的内部状态进行观测，即可观测性。实际上，可控性和可观测性所描述的就是对装备进行测试时信息获取的难易程度。

2）测试性是装备本身的一种设计特性。同可靠性一样，测试性也是装备本身所固有的一种设计特性。装备的测试性并不是测试性设计所赋予的，装备一旦设计生产，其本身就具备了一定的测试性，因此要改善装备的测试性，必须在设计阶段就进行良好的测试性设计。

3）测试性技术的最终目标是提高装备的质量和可用性。降低装备的全寿命周期费用，追求装备的高质量是装备研制的永恒主题。传统质量标准已转变为综合了性能指标、测试性、可靠性、维修性及可用性指标要求的"完整质量"概念，仅考虑装备设计和生产费用的传统费用概念则被"全寿命周期费用"的概念所替代。

测试性可以极大地提高装备的"完整质量"，降低其全寿命周期费用。一方面，在设计

阶段，可以对装备设计原型进行虚拟测试，验证设计方案，排除可能的设计缺陷；在生产阶段，可以对其进行全面的测试，排除潜在故障，从而降低使用过程中的故障率，提高其可靠性；另一方面，测试性技术可以缩短研制、试验和评价的周期，降低研制费用，提高可用性指标，减少维护和保障费用，从而降低装备的全寿命周期费用。

2. 工作内容及要求

1）测试性工作的内容主要包括：①制订测试性工作计划；②确定诊断方案和测试性要求；③进行测试性设计；④评审测试性工作；⑤验证测试性要求。

系统的测试性要求及规范应根据系统的用途、保障方案和性能要求进行编写，并分配到产品的各个层次，以保证有效地进行性能监控、故障检测和故障隔离，这些要求主要与装备将部署的外场条件有关，还必须与生产设施相协调。如果这项工作可以在设计周期内尽早完成，就可以大大减少产品的寿命周期费用。

2）定性要求：《装备测试性工作通用要求》指出，应在合同中规定必要的测试性定性要求，并纳入承制方的有关技术文件，这些定性要求包括：①测试可控性；②测试观测性；③被测装置与测试设备的兼容性。

3）定量要求：《装备测试性工作通用要求》指出：测试性定量要求应在合同中规定，并纳入承制方的有关技术文件，订购方没有明确的低层次产品的测试性定量要求，由承制方在详细设计之前确定。定量要求包括：①故障检测率；②故障隔离率；③虚警率；④故障检测时间；⑤故障隔离时间。

3.2 再制造性的内涵

3.2.1 再制造性的定义

废旧产品的再制造性（remanufacturability）是决定其能否进行再制造的前提，是再制造基础理论研究中的首要问题。再制造性是产品设计赋予的，表征其再制造的简便、经济和迅速程度的一个重要的产品特性。再制造性定义为：废旧产品在规定的条件下和规定的费用内，按规定的程序和方法进行再制造时，恢复或升级到规定性能的能力[4]。再制造性是通过设计过程赋予产品的一种固有的属性。

定义中"规定的条件"是指进行废旧产品再制造生产的条件，它主要包括再制造的机构与场所（如工厂或再制造生产线、专门的再制造车间、运输等）和再制造的保障资源（如所需的人员、工具、设备、设施、备件、技术资料等）。不同的再制造生产条件有不同的再制造效果，因此产品自身再制造性的优劣，只能在规定的条件下加以度量。

定义中"规定的费用"是指废旧产品再制造生产所需要消耗的费用及其相关环保消耗费用。规定的再制造费用越高，则能够完成再制造产品的概率就越大。再制造最主要的表现在经济方面，再制造费用也是影响再制造生产的最主要因素，因此可以用再制造费用来表征废旧产品再制造能力的大小。同时，可以将环境相关负荷参量转化为经济指标来进行分析。

定义中"规定的程序和方法"是指按技术文件规定采用的再制造工作类型、步骤和方法。再制造的程序和方法不同，再制造所需的时间和再制造效果也不相同。例如一般情况下，换件再制造要比原件再制造加工费用高，但时间快。

定义中"再制造"是指对废旧产品的恢复性再制造、升级性再制造、改造性再制造和应急性再制造。

定义中"规定性能"是指完成的再制造产品效果要恢复或升级达到规定的性能，即能够完成规定的功能和执行规定任务的技术状况，通常来说要不低于新品的性能。这是产品再制造的目标和再制造质量的标准，也是区别于产品维修的主要标志。

综合以上内容可知，再制造性是产品本身所具有的一种本质属性，无论在原始制造设计时是否考虑进去，都客观存在，且会随着产品的发展而变化；再制造性概率的量度是随机变量，只具有统计上的意义，因此用概率来表示，并由概率的性质可知：$0<R(c)<1$；再制造性具有不确定性，在不同的环境条件、使用条件、再制造条件、工作方式、使用时间等情况下，同一产品的再制造性是不同的，离开具体条件谈论再制造性是无意义的；随着时间的推移，某些产品的再制造可能发生变化，以前不可能再制造的产品会随着关键技术的突破而增大其再制造性，而某些能够再制造的产品会随着环保指标的提高而变成不可再制造；评价产品的再制造性包括从废旧产品的回收至再制造产品的销售整个阶段，其具有地域性、时间性和环境性。

3.2.2 固有再制造性与使用再制造性

与可靠性、维修性一样，产品再制造性也表现为产品的一种本质属性，因此也可以分为固有再制造性和使用再制造性。

固有再制造性也称设计再制造性，是指产品设计中所赋予的静态再制造性，是用于定义、度量和评定产品设计、制造的再制造性水平。它只包含设计和制造的影响，用设计参数（如平均再制造费用）表示，其数值由具体再制造要求导出。固有再制造性是产品的固有属性，奠定了 2/3 的实际再制造性[5]。固有再制造性不高，相当于"先天不足"。在产品寿命各阶段中，设计阶段对再制造影响最大。如果设计阶段不认真进行再制造性设计，则以后无论怎样精心制造、严格管理和技术进步，也难以保证其再制造性。制造只能尽可能保证实现设计的再制造性，使用则是维持再制造性，尽量减少再制造性降低；而技术进步则往往能够提高产品的再制造性；同时人们需求的提高，又会降低产品的再制造性。

使用再制造性是指废旧产品到达再制造地点后，在再制造过程中实际具有的再制造性。它是在再制造实际使用前所进行的再制造性综合评估，以固有再制造性为基础，并受再制造生产的再制造策略、保障资源、管理水平、再制造产品性能目标、营销方式和人员技术水平等的综合影响，因此同样的产品可能具有不同的使用再制造性。通常再制造企业主要关心产品的使用再制造性。一般来讲，随着产品使用时间的增加，废旧产品本身性能劣化严重，会导致其使用再制造性降低。

再制造性对人员技术水平、再制造生产保障条件、再制造产品的性能目标，以及对规定的程序和方法有更大的依赖性，因此在实际中严格区分固有再制造性与使用再制造性的难度较大。

3.3 再制造性函数

虽然满足了对再制造性的定性要求，能大大提高产品的再制造性，但还不便于直接度量产品再制造性的优劣程度。因而对产品再制造性还需要定量描述。描述再制造性的量称为再制造性参数，而对再制造性参数要求的量值称为再制造性指标。再制造性的定量要求就是通过选择适当的再制造性参数，进而确定合适的再制造性指标，实现对再制造性设计的指导。

3.3.1　再制造度函数

再制造度是再制造性的概率度量，记为 $R(c)$。由于针对具体每个废旧产品进行的再制造或其零部件的费用 C 是一个随机变量，因此产品的再制造度 $R(c)$ 可定义为实际再制造费用 C 不超过规定再制造费用 c 的概率，可表示为[1]

$$R(c) = P(C \le c) \tag{3-21}$$

式中　C——在规定的约束条件下完成再制造的实际费用；

　　　c——规定的再制造费用。

当把规定费用 c 作为变量时，上述概率表达式就是再制造度函数。它是再制造费用的分布函数，可以根据理论分布求解再制造度函数，也可按照统计原理用试验或实际再制造数据求得。

由于 $R(c)$ 表示从 $c=0$ 开始到某一费用 c 以内完成再制造的概率，是对费用的累积概率，且为费用 c 的增值函数，$R(0) \to 0, R(\infty) \to 1$。根据再制造度定义，有

$$R(c) = \lim_{N \to \infty} \frac{n(c)}{N} \tag{3-22}$$

式中　N——用于再制造产品的总数；

　　　$n(c)$——费用 c 内完成再制造的产品数。

在工程实践中，当 N 为有限值时，$R(c)$ 的估计值为

$$\hat{R}(c) = \frac{n(c)}{N} \tag{3-23}$$

例 3-1　若待再制造某废旧产品有 30 台，统计每台再制造所需的费用为（单位为千元）：10，14，28，10，16，34，24，15，12，42，18，19，18，23，15，20，26，28，24，12，19，24，20，35，27，17，10，11，29，14。求规定再制造费用 $c = 30$ 千元时，该产品再制造度的估计值 $\hat{R}(c)$。

解：由题意　$n(30) = 27$，$N = 30$，可求得

$$\hat{R}(30) = \frac{n(30)}{N} = \frac{27}{30} = 0.9$$

3.3.2　再制造费用概率密度函数

再制造度函数 $R(c)$ 是再制造费用的概率分布函数。其概率密度函数 $r(c)$，即再制造费用概率密度函数（习惯上称再制造密度函数）为 $R(c)$ 的导数，可表示为

$$r(c) = \frac{\mathrm{d}R(c)}{\mathrm{d}c} = \lim_{\Delta c \to 0} \frac{R(c + \Delta c) - R(c)}{\Delta c} \tag{3-24}$$

由式（3-22）可得

$$r(c) = \lim_{\substack{\Delta c \to 0 \\ N \to \infty}} \frac{n(c + \Delta c) - n(c)}{N \Delta c} \tag{3-25}$$

当 N 为有限值且 Δc 为一定费用变化区间的量值，$r(c)$ 的估计值为

$$\hat{r}(c) = \frac{n(c + \Delta c) - n(c)}{N\Delta c} = \frac{\Delta n(c)}{N\Delta c} \tag{3-26}$$

式中 $\Delta n(c)$ ——在费用变化区间 Δc 内完成再制造的产品数。

可见，再制造费用概率密度函数的意义是单位费用内废旧产品预期完成再制造的概率，即单位费用变化区间内完成再制造产品数与待再制造的废旧产品总数之比。

3.3.3 再制造率函数

再制造率函数 $R(f)$ 是指能够在规定费用内完成再制造的废旧产品或零部件数量与全部废旧产品数量或零部件数量的比率。设再制造产品中使用的废旧产品或零部件的数量为 N，在费用 c 内能完成再制造的产品或零部件的数量为 $n(c)$，则其再制造率函数为

$$R(f) = \frac{n(c)}{N} \tag{3-27}$$

3.4 再制造性参数

再制造性参数是度量再制造性的尺度。常用的再制造性参数有以下几种：

3.4.1 再制造费用参数

再制造费用参数是最重要的再制造性参数。它直接影响废旧产品再制造的经济性，决定了生产厂商的经济效益，又与再制造时间紧密相关，因此应用得最广。

1. 平均再制造费用（C_{Ra}）

平均再制造费用是产品再制造性的一种基本参数。其度量的方法为：在规定的条件下和规定的费用内，废旧产品在任一规定的再制造级别上，再制造产品所需总费用与在该级别上被再制造的废旧产品的总数之比。简而言之，是指废旧产品再制造所需实际消耗费用的平均值。当有 N 个废旧产品完成再制造时，有

$$C_{Ra} = \frac{\sum_{i=1}^{n} c_i}{N} \tag{3-28}$$

C_{Ra} 只考虑实际的再制造费用，包括拆解、清洗、检测诊断、换件、再制造加工、安装、检验、包装等费用。对同一种产品，在不同的再制造条件下，也会有不同的平均再制造费用。

2. 最大再制造费用（C_{Rmax}）

在许多场合，尤其是再制造部门更关心绝大多数废旧产品能在多少费用内完成再制造，这时，则可用最大再制造费用参数。最大再制造费用是按给定再制造度函数最大百分数 $(1-a)$ 所对应的再制造费用值，也即预期完成全部再制造工作的某个规定百分数所需的费用。最大再制造费用与再制造费用的分布规律及规定的百分数有关。通常可定 $1-a = 95\%$

或 90%。

3. 再制造产品价值（V_{Rp}）

再制造产品价值指根据再制造产品所具有的性能确定的其实际价值，可以以市场价格作为衡量标准。由于新技术的应用，可能使得升级后的再制造产品价值要高于原来新品的价值。

4. 再制造环保价值（V_{Re}）

再制造环保价值指通过再制造而避免新品制造过程中所造成的环境污染处理费用，以及废旧产品进行环保处理时所需要的费用总和。

5. 利润率（R_e）

利润率（R_e）是单个再制造产品通过销售获得的净利润与投入成本间的比值，可表示为

$$R_e = \frac{V_{Rb}}{C_R} \times 100\% \tag{3-29}$$

式中　V_{Rb}——再制造产品通过销售获得的净利润；

　　　C_R——产品再制造投入的成本。

6. 价值回收率（R_{cb}）

价值回收率（R_{cb}）是指回收的零部件价值占再制造产品总价值的比值，可表示为

$$R_{cb} = \frac{V_{Rc}}{V_{Rp}} \times 100\% \tag{3-30}$$

式中　V_{Rc}——回收的零部件价值；

　　　V_{Rp}——再制造产品总价值。

价值回收率衡量再制造的经济效益，与再制造过程中的技术投入及再制造产品的属性有关。

3.4.2　再制造时间参数

再制造时间参数反映再制造人力、机时消耗，直接关系到再制造人力配置和再制造费用，因而也是重要的再制造性参数。

1. 再制造时间（t_R）

再制造时间指退役产品或其零部件自进入再制造程序后通过再制造过程恢复到合格状态的时间。一般来说，再制造时间要小于制造时间。

2. 平均再制造时间（t_{Ra}）

平均再制造时间指某类废旧产品每次再制造所需时间的平均值。再制造可以指恢复性、升级性、应急性等方式的再制造。其度量方式为：在规定的条件下和规定的费用内某类产品完成再制造的总时间与该类再制造产品总数量之比。

3. 最大再制造时间（t_{Rmax}）

最大再制造时间指达到规定再制造度所需的再制造时间，即预期完成全部再制造工作的某个规定百分数所需时间。

3.4.3 再制造环境参数

1. 材料质量回收率（R_W）

材料质量回收率表示退役产品可用于再制造的零件材料质量与原产品总质量的比值。即

$$R_W = \frac{W_R}{W_P} \tag{3-31}$$

式中 R_W——材料质量回收率；

W_R——可用于再制造的零件材料质量；

W_P——产品总质量。

2. 零件数量回收率（R_N）

零件数量回收率表示退役产品可用于再制造的零件数量与原产品零件总数量的比值。即

$$R_N = \frac{N_R}{N_P} \tag{3-32}$$

式中 R_N——产品零件数量回收率；

N_R——可用于再制造的零件数量；

N_P——产品零件总数量。

3. 节材率（R_{ma}）

废旧整机拆解后的零部件分成可再制造件、直接利用件和弃用件。

节材率（R_{ma}）用可再制造件和直接利用件质量之和与整机的质量之比来表示。即

$$R_{ma} = \frac{W_{rm} + W_{ru}}{W_p} \times 100\% \tag{3-33}$$

式中 W_{rm}——可再制造件质量；

W_{ru}——可利用件质量；

W_p——整机质量。

通常来说，节材率与再制造技术相关，选用先进的再制造技术可以提高节材率，进而提高再制造的环境性。

4. 节能率（R_{re}）

再制造以废旧产品为毛坯进行加工生产，不需要经过回炉处理，可节约大量能量。通常再制造节材率越高，其节能越多，环境性越好，再制造性越好。

再制造节能率（R_{re}）可用节约的能量（即回炉耗能减去实际再制造耗能）与回炉所消耗的能量的比值来表示。即

$$R_{re} = \frac{PW_{md} - PW_{rm}}{PW_{md}} \times 100\% \tag{3-34}$$

式中 PW_{rm}——实际再制造耗能；

PW_{md}——回炉耗能。

5. CO_2 减排率（R_{rq}）

与废旧毛坯经回炉成原始材料再加工成零部件相比，再制造可大量减少 CO_2 排放，可用减排率来表示。再制造的回收材料率越高，通常其减少废气排放量越多，则其环境性越

好，再制造性越好。

CO_2 减排率可用实际减少的排放量（即回炉制造的排放量与实施再制造的排放量的差值）与回炉制造的排放量的比值来表示。即

$$R_{rq} = \frac{E_{md} - E_r}{E_{md}} \times 100\% \qquad (3-35)$$

式中　E_r——再制造 CO_2 排放量；

　　　E_{md}——回炉制造 CO_2 排放量。

总之，产品再制造具有巨大的经济、社会和环境效益，虽然再制造是在产品退役后或使用过程中进行的活动，但再制造能否达到及时、有效、经济、环保的要求，却首先取决于产品设计中注入的再制造性，并同产品使用等过程密切相关。实现再制造及时、经济、有效，不仅是再制造阶段应当考虑的问题，而且必须从产品的全系统、全寿命周期进行考虑，在产品的研制阶段就进行产品的再制造性设计。

参 考 文 献

［1］杨为民．可靠性·维修性·保障性总论［M］．北京：国防工业出版社，1995.

［2］甘茂治，康建设，高崎．军用装备维修工程学［M］．北京：国防工业出版社，2005.

［3］总装备部电子信息基础部．装备测试性工作通用要求：GJB 2547A—2012. 北京：总装备部军标出版发行部，2012.

［4］朱胜，姚巨坤．再制造设计理论及应用［M］．北京：机械工业出版社，2009.

［5］STEINHILPER R. Remanufacturing：the ultimate form of recycling［M］．Stuttgart：Fraunhofer IRB Verlag，1998.

第 4 章

再制造性设计

产品的再制造性设计如同产品维修性、可靠性等属性设计一样，可进行定性与定量化设计，需要进行系统的工作考虑，定量化再制造性设计时，需要通过再制造性建模、再制造性指标分配、再制造性预计、再制造性试验等步骤，实现科学的再制造性设计。

4.1 再制造性定性设计

恰当地提出和确定再制造性定性要求，是做好产品再制造性设计的关键环节。对产品再制造性的一般要求，要在明确该产品在再制造性方面使用需求的基础上，按照产品的专用规范和有关设计手册提出。更重要的是，要在详细研究和分析相似产品再制造性的公共特点的基础上，特别是在相似产品不满足再制造性要求的设计缺陷基础上，根据产品的特殊需要及技术发展预测，有重点、有针对性地提出若干必须达到的再制造性定性要求。这样既能防止相似产品再制造性缺陷的重现，又能显著地提高产品的再制造性。例如在某产品中，设计了高性能且结构复杂的控制系统，因此再制造性要求的一个重点是电子部分要实现模块化和自动检测；针对相似产品的再制造性缺陷，在机械部分有针对性地提出某些有关部件的互换性、长寿命性的要求，提高标准化程度，部分主要部件应能够重新使用，便于换件再制造。

4.1.1 面向再制造生产工艺的定性设计要求

面向再制造生产全过程中各工艺步骤的生产需求，再制造性定性要求的一般内容包括以下几个方面。

1. 易于运输性

废旧产品由用户到再制造厂的逆向物流是再制造的主要环节，直接为再制造提供了不同品质的毛坯，而且产品逆向物流费用一般占再制造总体费用比率较大，对再制造具有至关重要的影响。产品设计过程必须考虑寿命末端产品的运输性，使得产品更经济、安全地运输到再制造工厂。例如对于大的产品，在装卸时需要使用叉式升运机的，要设计出足够的底部支承面；尽量减少产品凸出部分，以避免在运输中碰坏，并可以节约储存时的空间。

2. 易于拆解性

拆解是再制造的必需步骤，也是再制造过程中劳动最为密集的生产过程，对再制造的经济性影响较大。再制造的拆解要求能够尽可能保证产品零件的完整性，并减少产品接头的数量和类型，减少产品的拆解深度，避免使用永固性的接头。考虑接头的拆解时间和效率等，在产品中使用卡式接头、模块化零件、插入式接头等均有易于拆解，减少装配和拆解的时间，但也容易造成拆解中对零件的损坏，增加再制造费用[1]。因此在进行易于拆解的产品设计时，对产品的再制造性影响要进行综合考虑。

3. 易于检测性

零部件的检测性可以直接影响再制造产品的质量和生产效益。产品拆解后的零部件，应该易于进行检测，便于快速准确判断其质量性能状态。例如预留检测接口、将零件设计为可以使用通用工具进行检测、易损伤部位实现检测的可达性设计等。

4. 易于分类性

零件易于分类可以明显降低再制造所需时间，并提高再制造产品的质量。为了使拆解后的零件易于分类，设计时要采用标准化的零件，尽量减少零件的种类，并对相似的零件进行标记，增加零件的类别特征，以减少零件分类时间。

5. 易于清洗性

清洗是保证产品再制造质量和经济性的重要环节。目前存在的清洗方法包括超声波清洗法、水或溶剂清洗法、电解清洗法等。可达性是决定清洗难易程度的关键，设计时应该使外面的部件具有易清洗且适合清洗的表面特征，如采用平整表面，采用合适的表面材料和涂料，减少表面在清洗过程中的损伤概率等。

6. 易于修复（升级、改造）性

对原制造产品的修复和升级改造是再制造过程中的重要组成部分，可以提高产品质量，并能够使之具有更强的市场竞争力。可修复性是当零部件磨损、变形、耗损或其他形式失效后，可以对原件进行修复，使之恢复原有功能的特性。实践证明，贵重件的修复，不仅可节省再制造费用，而且对发挥产品的功能有着重要的作用。

再制造主要依赖于零部件的再利用，设计时要增加零部件的可靠性，尤其是附加值高的核心零部件，要减少材料和结构的不可恢复失效发生，防止零部件的过度磨损和腐蚀；要采用易于替换的标准化零部件和可以改造的结构，并预留模块接口，增加升级性；要采用模块化设计，通过模块替换或者增加来实现再制造产品性能升级。

7. 易于装配性

将再制造零部件装配成再制造产品是保证再制造产品质量的最后环节，对再制造周期也有明显影响。采用模块化设计和零部件的标准化设计对再制造装配具有显著影响。据估计，再制造设计中如果拆解时间能够减少10%，通常装配时间可以减少5%。另外，再制造中的产品应该尽可能允许多次拆解和再装配，因此设计时应考虑产品具有较高的连接质量。

8. 易于包装性

易于包装性指生成的再制造产品容易进行绿色化包装，具有明确的包装方法和技术手段。例如对于凸出的部位在包装时能够拆下，形成包装后的产品美观，满足防护功能要求等。

4.1.2 再制造性通用设计要求

产品的再制造性的定性设计要求，既是研制时应当实现的要求，也是满足再制造性定量要求的技术途径。从再制造的实践来看，对再制造性的定性设计要求主要有以下几个方面：

1. 简化产品结构

实现产品的结构和外形简单，是改善再制造性的重要方面。人们在设计中为提高产品的各种功能，常增加一些组件或采用自动化技术，这虽然有利于减轻人的劳动，但也增加了产品的复杂程度。而复杂结构的产品，如果不采取相应的措施，必定要增加再制造的困难和工作量。对此，设计人员必须综合权衡利弊，应在满足规定功能要求的条件下尽量使产品的结构简单化，实现寿命末端时的再制造简化操作，使再制造方便、迅速，且对再制造技术的要求又不高。通常可考虑以下内容：

1）设计时，要对产品功能进行分析权衡，合并相同或相似功能，消除不必要的功能，以简化产品寿命末端时的再制造操作。

2）设计时，应在满足规定功能要求的条件下，使其构造简单，尽可能减少产品层次、组成单元和零件的数量，并简化零件的形状，便于拆解、分类和检测，减少再制造工作量。

3）产品应尽量设计简便且可靠的调整机构，以便于排除因磨损或飘移等原因引起的常见故障。对易发生局部耗损的贵重件，应设计成可调整或可拆解的组合件，以便于局部更换或再制造，避免或减少互相牵连的反复调校。

4）要合理安排各组成部分的位置，减少连接件、固定件，使其检测、换件等再制造操作简单方便，尽可能做到在再制造任一部分时，不拆解、不移动或少拆解、少移动其他部分，以降低对再制造人员技能水平的要求和工作量。

2. 提高标准化、互换性和模块化程度

标准化是近几年产品的设计特点。从简化再制造的角度，它要求在设计时优先选用符合国际标准、国家标准或专业标准的设备、元器件、零部件和工具等软件（如技术要求和程序等）和硬件产品，并尽量减少其品种和规格。实现标准化有利于产品的设计与制造，有利于元器件和零部件的供应，减少再制造工作量和设备，使产品的再制造更为简便。

互换性是指同种零件之间在实体上（几何形状、尺寸）、功能上能够彼此互相替换的性能。当两个零件在实体上、功能上相同，能用一个去代替另一个而不改变产品或母体的性能时，则称该零件具有完全互换性。互换性使产品中的零部件能够互相替换，这就减少了零部件的品种规格，可显著提高产品的再制造性。通用化是指同类型或不同类型的产品中，部分零部件相同，彼此可以通用。通用化的实质，就是零部件在不同产品上的互换性。

模块化设计是实现部件互换通用、快速再制造的有效途径。电子产品更适合采用模块化设计，可按功能划分为若干个各自能完成某项功能的模块，如再制造时可以直接替换无法恢复的失效模块[2]。

标准化、互换性、通用化和模块化，不仅有利于产品设计和生产，而且也使产品再制造简便，显著减少再制造备件的品种、数量，简化保障，降低对再制造人员技术水平的要求，大大缩短再制造工时，因此它们也是再制造性的重要要求。有关标准化、互换性、通用化和模块化设计的要求如下：

1）设计时应优先选用标准化的设备、元器件、零部件和工具等产品，并尽量减少其品种、规格。

2）在不同的产品中最大限度地采用通用的组件、元器件、零部件，并尽量减少其品种。元器件、零部件及其附件、工具应尽量选用满足或稍加改动即可满足使用要求的通用品。

3）设计时，必须使故障率高、容易损坏、关键性的零部件或单元具有良好的互换性和通用性。

4）能安装互换的产品，必须能功能互换。能功能互换的产品，也应实现安装互换，必要时可另采用连接装置来达到安装互换。采用不同工厂生产的相同型号成品件必须能安装互换和功能互换。

5）功能相同且对称安装的部件、组件、零件，应设计成可互换的。修改零部件或单元的设计时，不要任意更改安装的结构要素，破坏互换性。产品需进行某些更改或改进时，要尽量做到新、老产品之间能够互换使用。

6）产品应按其功能设计成若干个具有互换性的模块（或模件），其数量根据实际需要而定。

7）模块（件）从产品上卸下来以后，应便于单独进行测试、调整。在更换模块（件）后，一般应不需要进行调整；若必须调整时，应简便易行。

8）成本低的模块可制成弃件式的模块（件），即易损件，其内部各件的预期寿命应设计得大致相等，并加标志，在寿命末端时直接进行丢弃，换新件。

9）模块（件）的尺寸与质量应便于再制造。质量超过 4kg 不便握持的模块（件）应设有人力搬运的把手。必须用机械提升的模块，应设有相应的吊孔或吊环。

3. 具有良好的可达性

面向再制造的可达性，是指产品在进行再制造时，能够迅速方便地到达再制造的拆解、清洗、检测、加工部位，并能操作自如。通俗地说，也就是再制造部位能够"看得见、够得着"或者很容易"看得见、够得着"。显然，良好的可达性，能够提高再制造的效率，减少差错，降低再制造工时和费用，提升再制造产品质量。再制造的可达性主要表现在两个方面：一是要有适当再制造操作空间，包括工具的使用空间；二是要提供便于再制造的通道。

为实现产品的良好再制造可达性，还应满足如下具体要求：

1）产品的结构设计及零部件配置应统筹安排，能够进行便利的拆解、清洗和检测。

2）产品特别是易损件、常拆件和附加设备的拆装要简便，拆装时零部件进出的路线最好是直线或平缓的曲线。

3）产品的检测、清洗部位，都应在便于接近的位置上。

4）再制造拆装时，要有足够的拆装操作空间和通道，并有供观察的适当间隙。

4. 具有完善的再制造防差错措施及识别标志

产品在再制造中，常常会发生操作差错，可能造成延误再制造时间，影响产品质量等。防止再制造差错就是要从结构上消除发生差错的可能性。例如，在结构上只有装对了才能装得上，装错了或是装反了就装不上，或者发生差错就能立即发觉并纠正。识别标记，就是在再制造需要分类或检测的零部件、备品、专用工具、测试器材等上面做出识别记号，以便于区别辨认，防止混乱，避免因差错而发生事故，同时也可以提高工效。对防止差错和识别标志的具体要求如下：

1）设计时，应避免或消除在再制造操作时造成人为差错的可能，即使发生差错也能立即发觉和纠正。

2）外形相近而功能不同的零部件、重要连接部件和再制造安装时容易发生差错的零部件，应从构造上采取防差错措施或有明显的防止差错识别标志。

3）产品上应有必要的为防止差错和提高再制造效率的标志。

4）应在产品上的规定位置设置标牌或刻制标志。标牌上应有型号、制造工厂、批号、编号、出厂时间等，便于再制造时分类和评判。

5）对可能发生操作差错的装置应有操作顺序号码和方向的标志。

6）对间隙较小、周围产品较多且安装定位困难的组合件、零部件等应有定位销、槽或安装位置的标志。

7）标志应根据产品的特点和再制造的需要，按照有关标准的规定采用规范化的文字、数字、颜色或光、图案或符号等表示。标志的大小和位置要适当，鲜明醒目，容易看到和辨认。

8）标牌和标志必须是经久耐用的，在再制造时能够有效辨识。

5. 具有简易的可测试性

产品可测试性的提高可以有效地提高再制造毛坯及其零部件的质量检测及再制造产品的质量测试，增强再制造产品的质量标准，保证再制造的科学性。产品零件检测诊断是否准确、快速、简便，对再制造有重大影响，特别是电子产品，在其再制造时间中检测诊断时间占有很大比例。因此在产品的研制初期就应考虑其质量检测及评判问题，包括检测要素、检测方式与检测设备等问题，并在再制造性设计时进行选配、试验与评定，为此需要对检测问题进行较为详细的讨论。以下为测试的一些基本要求。

1）对零件的测试要素应适应各再制造质量保证的需要。测试要素安排要便于检测，并尽可能集中或分区集中，可达性良好，且其排列应有利于进行顺序检测与诊断。

2）产品设定的需要更换的再制造单元可以不设定检测要求。测试要素和测试基准要避免设定在易损坏的部位。

3）对复杂的零部件检测，应便于形成高的综合诊断能力，保证能迅速、准确地判明零件状态。要注意被测单元与测试设备的接口匹配。

4）采用先进仪器测试与人工测试之间要进行费用效能的综合权衡，使零部件检测能力与费用达到最优化。

5）所需检测设备要求体积和质量小，便于在再制造生产条件下使用，且可靠性高、操作方便、通用化、多功能。

6. 符合再制造时人素工程要求

人素工程又称人-机-环工程，是指用科学的知识进行产品设计以实现有效的使用、维修、再制造和人机结合的人的因素领域。面向再制造的人素工程主要研究在再制造中人的各种因素，包括生理因素、心理因素和人体的几何尺寸与产品再制造时的关系，以提高再制造工作效率、质量和减轻人员疲劳等方面的问题。其基本要求如下：

1）设计时，应按照再制造时人员所处的位置、姿势与使用工具的状况，并根据人体量度，提供适当的拆解、清洗、恢复等操作空间，使再制造人员有一个比较合理的姿势，尽量避免以跪、卧、蹲、趴等容易疲劳或致伤的姿势进行再制造操作。

2）再制造时噪声不允许超过相关标准的规定；若难避免，则对再制造人员应有防护措施。

3）对产品的再制造部位应便于提供自然或人工的适度照明条件。

4）应采取适当措施，减少再制造人员在超过相关标准规定的振动条件下工作。

5）设计时，应考虑再制造人员在举起、推拉、提起及转动物体等操作中人的体力限度。

6）设计时应考虑使再制造人员的工作负荷和难度适当，以保证再制造人员的持续工作能力、再制造质量和效率。

7. 具有再制造安全性

再制造安全性是指在产品再制造时，能避免再制造人员伤亡或产品损坏的一种设计特性。再制造性所涉及的安全是指再制造操作活动的安全。再制造安全与产品制造生产安全既有联系又有区别，再制造生产过程除具有制造过程的内容外，还因为再制造面对的是旧件，具有拆解、清洗等特殊工艺过程，其零件性能状况和生产工艺更加复杂。设计中应保证再制造人员在进行产品再制造操作时，其所使用设备、操作规程均应能满足安全要求，应保证不会引起电击以及有害气体、燃烧、爆炸、碰伤等事故。同时，还要保证再制造活动的安全，使得再制造人员能放心大胆地进行再制造操作，提高再制造效率及质量。因此再制造安全性要求是产品再制造性设计中必须单独考虑的一个重要问题。为了保证再制造安全，有以下一些基本要求。

1）设计时不但应确保产品的制造与使用安全，而且应保证再制造时的安全，要把再制造安全纳入系统安全性的内容。

2）设计时，应保证废旧产品在拆解、清洗、加工等再制造工作中的安全。

3）在可能发生危险的部位上，应提供醒目的标记、警告灯或声响警告等辅助预防手段。

4）可能危及安全的组成部分应有自动防护措施。

5）凡与再制造安全有关的地方，都应在技术文件、资料中提出注意事项。

6）在再制造实施中，要能够达到防止机械伤害、防电、防火等安全要求。例如，再制造时肢体必须经过的通道、手孔等，不得有尖锐边角。再制造时需要移动的重物，应设有适用的提把或类似的装置。

新产品的再制造性设计是一个综合、并行的过程，需要综合分析功能、经济、环境、材料等多种因素，必须将产品末端时的再制造性作为产品设计的一部分，进行系统考虑，保证产品寿命末端的再制造能力，以实现产品的最优化回收。因此产品的再制造性设计属于环保设计、绿色设计的重要组成部分，其目的是提高废旧产品的再制造能力，达到最大化回收产品的附加值，实现产品的可持续发展和多寿命使用周期。

4.2 再制造性定量指标

4.2.1 再制造性指标的选择

再制造性参数选择后，就要确定再制造性指标。确定指标相对确定参数来说更加复杂和困难。过高的指标（如要求再制造时间过短）则需要采用高级技术、高级设备、精确的性能检测并负担随之而来的高额费用；过低的指标将使产品再制造价值过低。指标过高或过低都会降低再制造生产厂商进行再制造的积极性，减少产品的有效服役时间。因此在确定指标之前，订购商、再制造部门和承制方要进行反复评议。订购商、再制造部门从再制造的角度提出适当的最初要求，通过协商使指标变为现实可行，既能满足再制造需求，降低寿命周期费用，设计时又能够实现。因而指标通常是一个范围，即使用指标应有目标值和门限值，合同指标应有规定值和最低可接受值。

再制造性参数的选择主要考虑以下几个因素：

1）产品的再制造需求是选择再制造性参数时要考虑的首要因素。

2）产品的结构特点是选定参数的主要因素。

3）再制造性参数的选择要和预期的再制造方案结合起来考虑。

4）选择再制造性参数必须同时考虑所定指标如何考核和验证。

5）再制造性参数选择必须和技术预测与故障分析结合起来。

4.2.2　再制造性指标量值

1）目标值：产品需要达到的再制造使用指标。这是再制造部门认为在一定条件下满足再制造需求所期望达到的要求值，是新研产品再制造性要求要达到的目标，也是确定合同指标规定值的依据。

2）门限值：产品必须达到的再制造指标。这是再制造部门认为在一定条件下，满足再制造需求的最低要求值。比这个值再低，产品将不适用于再制造，这个值是一个门限，故称为门限值。它是确定合同指标最低可接受值的依据。

3）规定值：研制任务书中规定的，产品需要达到的合同指标。它是承制方进行再制造性设计的依据，也就是合同或研制任务书规定的再制造性设计应该达到的要求值。它是由使用指标的目标值按工程环境条件转换而来的，依据产品的类型、使用、再制造条件等来确定。

4）最低可接受值：合同或研制任务书中规定的产品必须达到的合同指标。它是承制方研制产品必须达到的最低要求，是订购方进行考核或验证的依据。最低可接受值由使用指标的门限值转换而来。

4.2.3　确定再制造性指标的依据

确定再制造性指标通常要依据下列因素：

1）再制造需求是确定指标的主要依据。再制造性指标特别是再制造费用指标，首先要从再制造的需求来论证和确定。再制造性主要是再制造部门的需要。例如，各类产品不同的再制造方案造成的再制造费用、性能不同，也会直接影响再制造的利润和再制造商的生产意愿。因而应从投入最小、收益最大的原则来论证和确定允许的再制造费用。

2）国内外现役同类产品的再制造性水平是确定指标的主要参考值。详细了解现役同类产品再制造性已经达到的实际水平，是对新研产品确定再制造性指标的起点。一般来说，新研产品再制造性指标应优于同类现役产品的水平。在再制造性工程实践经验不足、有关数据较少时，用国外同类产品的数据资料作为参考也十分重要。

3）预期采用的技术可能使产品达到的再制造性水平是确定指标的又一重要依据。采用现役产品成熟的再制造性设计能保证达到现役产品的水平。针对现役同类产品的再制造性缺陷进行改进就可能达到比现役产品更高的水平。

4）现役的再制造体制、物流体系、环境影响是确定指标的重要因素。再制造体制是追求产品利润的体现，并且符合产品的可持续发展战略。例如，汽车的再制造通常是先由汽车的各个部件的再制造厂完成不同类部件的再制造，然后再由汽车再制造厂完成总体的装配。

5）再制造性指标的确定应与产品的可靠性、维修性、寿命周期费用、研制进度、技术水平等多种因素进行综合权衡。尤其是产品的维修性与再制造性关系十分密切。

4.2.4　确定再制造性指标的要求

在论证阶段，再制造方一般应提出再制造性指标的目标值和门限值，在起草合同或研制任务书时应将其转换为规定值和最低可接受值。再制造方也可只提出一个值（即门限值或最低可接受值）作为考核或验证的依据。这种情况下承制方应另外确立比最低可接受值要求更严的设计目标值作为设计的依据。

在确定再制造性指标的同时还应明确与该指标相关的因素和条件，这些因素是提出指标时不可缺少的说明，否则再制造性的指标将是不明确且难以实现的。与指标有关的因素和约束条件如下：

1）预定的再制造方案。再制造方案中包括再制造工艺、设备、人员、技术等。产品的再制造性指标是在规定的再制造工艺条件下提出的。同一个再制造性参数在不同的条件下其指标要求是不同的。没有明确的再制造方案，指标也是没有实际意义的。

2）产品的功能属性。

3）再制造性指标的考核或验证方法。考核或验证是保证实现再制造性要求必不可少的手段。仅提出再制造性指标而没有规定考核或验证方法，这个指标也是空的，因此必须在合同附件中说明这些指标的考核或验证方法。

4）还要考虑到再制造性有一个增长的过程，也可以在确定指标时分阶段规定应达到的指标。例如，规定设计定型时一个指标，又规定生产定型时一个较好一些的指标，在再制造评价时，规定一个更好的指标。因为随着技术的不断进步，再制造的费用也相对会不断降低。

确定指标时，还要特别注意指标的协调性。当对产品及其主要分系统、装置同时提出两项以上再制造性指标时，要注意这些指标间的关系，要相互协调不要发生矛盾，包括指标所处的环境条件和指标的数值都不能矛盾。再制造性指标还应与可靠性、维修性、安全性、保障性、环境性等指标相协调。

4.3　再制造性建模

4.3.1　再制造性建模的目的及分类

1. 再制造性建模的目的

再制造性模型是表达系统再制造性与各零部件单元再制造性关系的模型和产品再制造性与设计特征关系的模型。建立再制造性模型的目的，是要用模型来表达系统与各单元再制造性的关系、再制造性的参数与各种设计及保障要素参数之间的关系，主要用于再制造性定量化分配、预计和评价，或用于设计或设计方案的评价、选择和权衡，或为再制造性设计提供基础。在产品的研制过程中，建立再制造性模型可用于以下几个方面[3]：

1）进行再制造性分配，把系统级的再制造性要求分配给系统级以下各个层次，以便进行产品设计。

2）进行再制造性预计和评定，估计或确定设计方案可达到的再制造性水平，为再制造性设计与保障决策提供依据。

3）当设计变更时，进行灵敏度分析，确定系统内的某个参数发生变化时，对系统可用性、费用和再制造性的影响。

2. 再制造性建模的分类

（1）按建模目的分类　按建模目的，再制造性模型可分为以下几种：

1）设计评价模型：通过对影响产品再制造性的各个因素进行综合分析，评价有关的设计方案，为设计决策提供依据。

2）分配预计模型：建立再制造性分配预计模型是再制造性工作项目的主要内容。

3）统计与验证试验模型。

（2）按模型形式分类　按模型的形式不同，再制造性模型可分为以下几种：

1）物理模型：主要是采用再制造职能流程图、系统功能层次框图等形式，标出各项再制造活动间的顺序或产品层次、部位，判明其相互影响，以便于分配、评估产品的再制造性并及时采取纠正措施。在再制造性试验、评定中，还将用到各种实体模型。

2）数学模型：通过建立各单元的再制造作业与系统再制造性之间的数学关系式，进行再制造性分析、评估。

4.3.2 再制造性建模的程序

建立再制造性模型的一般程序如图4-1所示：首先明确目的和要求，对分析的对象进行描述，指出对分析参数有影响的因素，并确定其参数；然后建立数学模型，通过收集数据和参数估计，不断对模型进行修改完善，最终使模型固定下来并运用模型进行分析。

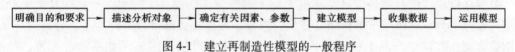

图4-1　建立再制造性模型的一般程序

再制造性模型是再制造性分析和评定的重要手段，模型的准确与否直接影响到分析与评定的结果，对系统研制具有重要的影响。建立再制造性模型应遵循以下原则：

1）准确性：模型应准确地反映分析的目的和系统的特点。

2）可行性：模型必须是可实现的，所需要的数据是可以收集到的。

3）灵活性：模型能够根据产品结构及保障的实际情况不同，通过局部变化后使用。

4）稳定性：通常情况下，运用模型计算出的结果只有在相互比较时才有意义，因此模型一旦建立，就应保持相对的稳定性，除非结构、保障等变化，否则不得随意更改。

4.3.3 再制造性的物理模型

1. 再制造职能流程图

再制造职能是一个统称，它可以指实施废旧产品再制造的部门，也可以指在某一个具体的部门实施的再制造各项活动，这些活动是按时间先后顺序排列出来的。再制造职能流程图是对四类再制造形式（恢复性、升级性、改造性、应急性）提出要点并指出各项职能之间相互联系的一种流程图。对某一再制造部门来说，再制造职能流程图应包括从产品进入再制造厂时起，直到完成最后一项再制造职能，使产品达到规定状态为止的全过程。

再制造职能流程图随产品的层次、再制造的部门不同而不同。图4-2所示为某产品系统最高层次的再制造职能流程图，它表明该产品系统在退役或失效后进入再制造系统，可选择采用四种形式的再制造方法，以生成不同的再制造产品，然后投入到新的服役周期。

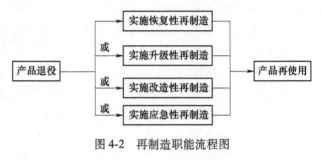

图 4-2　再制造职能流程图

图 4-3 所示为再制造工艺职能流程图。它表示从接收废旧产品到完成销售的一系列再制造活动。

废旧产品 → 拆解 → 清洗 → 检测 → 加工 → 装配 → 测试 → 包装 → 销售

图 4-3　再制造工艺职能流程图

再制造工艺职能流程图是一种非常有效的再制造性分析工具，它可以把再制造活动的先后顺序整理出来，形成非常直观的流程图。若把有关的再制造时间和更换率等数值标注在图上，则可以很方便地进行再制造性的分配、预计以及其他分析。

2. 系统功能层次框图

系统功能层次框图是表示从系统到零件的各个层次所需的再制造特点和再制造措施的系统框图。它进一步说明了再制造工艺职能流程图中有关产品和再制造职能的细节。

系统功能层次的分解是按其结构自上而下进行的，如图 4-4 所示，一般从系统级开始，根据需要分解到零件级或子部件级，更换、修复、改造相关部件或零件为止。分解时应结合再制造方案，在各个产品上标明与该层次有关的重要再制造措施（如替换、修复、改造、调整等）。

在进行功能层次分析和绘制框图时要注意以下几点：

1）在再制造性分析中使用的功能层次框图要着重展示有关再制造的要素，因此它不同于一般的产品层次（再制造）框图：①它需要分解到最低层次的产品零部件；②可直接利用件和更换件用圆圈和方框表示；③需要标示再制造措施或要素。产品层次框图是此再制造分解框图的基础。

2）由于同一系统在不同再制造级别的再制造安排（包括可更换件、检测点及校正点设置等）不同，系统功能层次框图也会不同，因此应根据需要，由再制造性分配的部门进行再制造性分析和绘制框图。

3）产品层次划分和再制造措施或要素的确定，是随着研制的发展而细化并不断修正的，因而包含再制造的功能层次框图也要随研制过程细化和修正。它的细化和修正也将影响再制造性分配的细化和修正。

4.3.4　再制造性的数学模型

再制造费用是为完成某产品再制造活动所需的费用。不同的再制造产品或工艺需要不同

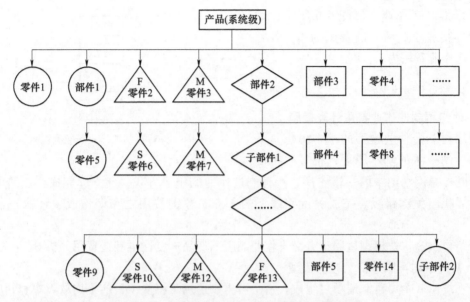

图 4-4 产品系统功能层次再制造分解示意框图[3]

○——在该圈内的零部件再制造时通常可以直接利用；□——框内的零部件再制造时常采用换件，即替换单元；

◇——菱形内的部件要继续向下分解；△F——标明该零部件在废旧产品中通常失效，需要进行再制造加工；

△M——需要采用机械加工法进行再制造的零件；△S——需要采用升级法进行再制造的零件。

的费用，同一再制造事件由于再制造人员技能差异，工具、设备不同，环境条件的不同，费用也会变化，因此产品或某一部件的再制造费用不是一个确定值，而是一个随机变量。这里的再制造费用是一个统称，它可以是恢复性再制造费用，也可以是升级性再制造费用，还可以是改造性再制造费用。

再制造费用的计算是再制造性分配、预计及验证数据分析等活动的基础。根据分析的对象不同，再制造费用统计计算模型可分为串行再制造作业费用计算模型、并行再制造作业费用计算模型、网络再制造作业费用计算模型、系统平均再制造费用计算模型。

1. 串行再制造作业费用计算模型

串行再制造作业是由若干项再制造作业组成的再制造作业，只有前项再制造作业完成后，才能进行下一项再制造作业，如拆解、清洗、检测、加工、装配、包装等再制造活动，串行再制造中各项作业必须一环扣一环，不能交叉进行。串行再制造作业职能流程如图 4-5 所示。

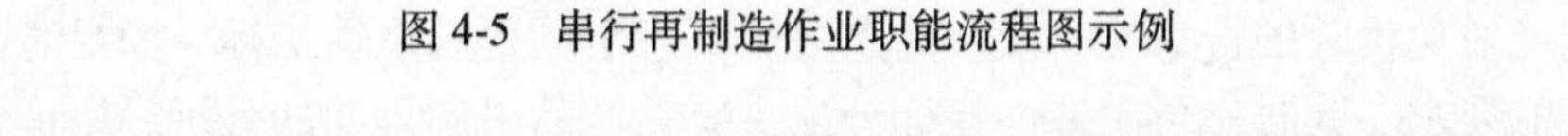

拆解 → 分类 → 清洗 → 检测 → 加工 → 装配 → 安装

图 4-5 串行再制造作业职能流程图示例

假设某次再制造的费用为 C，完成该次再制造需要 n 项基本的串行再制造作业，每项基本的再制造作业费用为 c_i （$i = 1, 2, \cdots, n$），它们相互独立，则

$$C = c_1 + c_2 + \cdots + c_n = \sum_{i=1}^{n} c_i \tag{4-1}$$

2. 并行再制造作业费用计算模型

某次再制造由若干项再制造作业组成，若各项再制造作业是同时展开的，则称这种再制

造是并行再制造作业，如图 4-6 所示。假设并行再制造作业活动的费用为 C，各基本再制造作业费用为 c_i，则

$$C = c_1 + c_2 + \cdots + c_n = \sum_{i=1}^{n} c_i \quad (4\text{-}2)$$

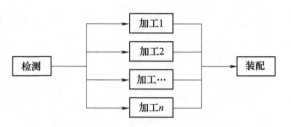

图 4-6　并行再制造作业职能流程图示例

3. 网络再制造作业费用计算模型

网络再制造作业模型的基本思想是采用网络计划技术的基本原理，把每一再制造作业看作是网络图中的一道工序，按再制造作业的组成方式，建立起完成再制造的网络图，然后找出关键路线。完成关键路线上的所有工序的费用之和即构成了该次再制造的费用。

网络再制造作业模型适用于有交叉作业的废旧产品恢复性再制造费用分析等。

4. 系统平均再制造费用计算模型

若系统由 n 个可再制造项目组成，每个可再制造加工恢复项目的平均故障率和相应的平均再制造费用为已知，则系统的平均再制造费用为

$$C_{\text{Ra}} = \sum_{i=1}^{n} \lambda_i C_{\text{Ra}i} \quad (4\text{-}3)$$

式中　λ_i ——第 i 个项目的平均故障率；

　　$C_{\text{Ra}i}$ ——第 i 个项目出故障的平均再制造费用。

4.4　再制造性分配

4.4.1　再制造性分配的目的与作用

再制造性分配是把产品的再制造性指标分配或配置到产品各个功能层次的每个部分，以确定它们应达到的再制造性定量要求，以此作为设计各部分结构的依据。再制造性分配是产品再制造性设计的重要环节，合理的再制造性分配方案，可以使产品经济而有效地达到规定的再制造性目标。

在产品研制设计中，要根据系统总的再制造性指标要求，将它分配到各功能层次的每个部分，以便明确产品各部分的再制造性指标。其具体目的就是为系统或产品的各部分研制者提供再制造性设计指标，使系统或产品最终达到规定的再制造性要求。再制造性分配是产品研制或改进中为保证产品的再制造性所必须进行的一项工作，也只有合理分配再制造性的各项指标，才能避免设计的盲目性，使产品系统达到规定的再制造性指标，满足寿命末端产品易于再制造的要求。同时，再制造性指标分配主要是产品研制早期的分析、论证性工作，所需要的人力和费用消耗都有限，但却在很大程度上决定着产品设计，决定着产品寿命末端时的再制造能力。合理的指标分配方案，可使产品的研制经济而有效地达到规定的再制造性目标。

再制造性分配的指标一般是指关系产品再制造全局的系统再制造性的主要指标，常用的指标有平均再制造费用和平均再制造时间。再制造性指标还可以包括再制造产品的性能及环

境指标等内容。

4.4.2 再制造性分配的程序

再制造性分配要尽早开始，逐步深入，适时修正。只有尽早开始分配，才能充分地权衡各子部件再制造性指标的科学性，进行更改和向更低层的零部件进行分配。在产品论证中就需要进行指标分配，但这时的分配属于高层次的，比如把系统再制造性费用指标分配到各分系统和重要的设备。在初步设计中，由于产品设计与产品故障情况等信息仍有限，再制造费用性指标仍限于较高层次，例如某些整体更换的设备、部件和零件。随着设计的深入，指标分配也要不断深入，直到分配至各个可拆解单元。各单元的再制造性要求必须在详细设计之前确定下来，以便在设计中确定其结构与连接等影响再制造性的设计特征。再制造性指标分配的结果还要随着研制的深入做必要的修正。在生产阶段遇有设计更改，或者在产品改进中都需要进行再制造性指标分配（局部分配）。

在进行再制造性分配之前，首先要明确分配的再制造性指标，对产品进行功能分析，明确再制造方案。其主要步骤如下：

1）进行系统再制造职能分析，确定各再制造级别的再制造职能及再制造工作流程。

2）进行系统功能层次分析，确定系统各组成部分的再制造措施和要素，并用包含再制造的系统功能层次框图表示。

3）确定系统各组成部分的再制造频率，包括恢复性、升级性和改造性再制造的频率。

4）将系统再制造性指标分配到各部分。

5）研究分配方案的可行性，进行综合权衡，必要时局部调整分配方案。

4.4.3 再制造性分配的方法

产品与其各部分的再制造性参数等大都为加权和的形式，如平均再制造费用 C_{Ra} 为

$$C_{\text{Ra}} = \frac{\sum_{i=1}^{n} \lambda_i C_{\text{Ra}i}}{\sum_{i=1}^{n} \lambda_i} \tag{4-4}$$

式中 λ_i ——第 i 个零件的失效率。

其他参数的表达式也类似，以下均用 C_{Ra} 来讨论。式（4-4）是指标分配必须满足的基本公式，但是通常满足此式的解集是多值的，需要根据再制造性分配的条件及准则来确定所需的解。产品及其零部件的再制造性分配方法见表 4-1。

表 4-1 产品及其零部件的再制造性分配方法[4]

方法	适用范围	简要说明
等值分配法	产品各零部件复杂程度、失效率相近的单元，缺少再制造性信息时做初步分配	取产品各零部件的再制造性指标相等（例如相同或相近的零部件）
按失效率分配法	产品零部件已有较确定的故障模式及再制造统计	按失效率高的再制造费应当尽量小的原则分配

（续）

方法	适用范围	简要说明
按相对复杂性分配法	已知产品零部件单元的再制造性参数值及有关设计方案	按失效率及预计的再制造加工难易程度加权分配
利用相似产品再制造数据分配法	有相似产品再制造性数据的情况	利用相似产品数据，通过比例关系分配
按价值率分配法	产品失效零部件价值率区分比较明显的情况	按价值率的高低进行相应的再制造性分配

除每次再制造所需平均费用外，必要时还应分配再制造活动的费用，如拆解费用、检测费用、清洗费用和原件再制造费用等。

1. 等值分配

等值分配法是一种最简单的分配方法。它适用于产品各零部件的结构相似、失效率和失效模式相似及预测的再制造难易程度大致相同；也可用在缺少相关再制造性信息时，做初步的分配。分配的准则是取产品各零部件单元的费用指标相等，即

$$C_{Ra1} = C_{Ra2} = C_{Ra3} = \cdots = C_{Ran} = \frac{C_{Ra}}{n} \tag{4-5}$$

2. 按失效率分配

为了降低再制造费用，对于再制造失效率高的单元原则上要降低其再制造费用，以保证最终再制造费用较低。因此设计中可取各单元的平均再制造费用 C_{Ra} 与其失效率 λ 成反比，即

$$\lambda_1 C_{Ra1} = \lambda_2 C_{Ra2} = \cdots = \lambda_n C_{Ran} \tag{4-6}$$

将式（4-6）代入式（4-5）得

$$C_{Ra} = \frac{n\lambda_i C_{Rai}}{\sum_{i=1}^{n} \lambda_i} \tag{4-7}$$

由式（4-7）可得到各零部件的指标为

$$C_{Rai} = \frac{C_{Ra} \sum_{i=1}^{n} \lambda_i}{n\lambda_i} \tag{4-8}$$

当各单元失效率已知时，即可求得各零部件的指标 C_{Rai}。零部件的失效率越高，分配的再制造费用则越少；反之则越多。这样，可以比较有效地达到规定的再制造费用指标。

3. 按相对复杂性分配

在分配指标时，要考虑其实现的可能性，通常就要考虑各单元的复杂性。一般产品结构越简单，其失效率越低，再制造也越简便迅速，再制造性好；反之，结构越复杂，再制造性越差。因此可按相对复杂程度分配各单元的再制造费用。取一个复杂性因子 K_i，定义为预计第 i 单元的组件数与系统（上一层次）的组件总数的比值，则第 i 单元的再制造费用指标分配值为

$$A_i = A_s K_i \tag{4-9}$$

式中　A_s——系统（上一层次）的再制造费用值。

4. 按相似产品再制造数据分配

借用已有的相似产品再制造状况提供的信息，作为新研制或改进产品再制造性分配的依据。这种方式适用于有继承性的产品的设计，因此需要找到适宜的相似产品数据。

已知相似产品零部件的再制造性数据，计算新产品零部件的再制造性指标

$$C_{Rai} = \frac{C'_{Rai}}{C'_{Ra}} C_{Ra} \tag{4-10}$$

式中 C'_{Ra} 和 C'_{Rai}——相似产品及其第 i 个单元的平均再制造费用。

5. 按价值率分配

产品再制造的一个基本条件是要实现核心件的再利用，一般核心件是指产品中价值比较大的零部件。高附加值核心件的应用能够显著地降低再制造总费用，因此在再制造费用指标分配时，可以适当对有故障的高价值率的核心件分配较多的再制造费用。即取一个价值率因子 P_i，定义为第 i 个零部件的价值与产品总价值的比值，则第 i 个零部件的再制造费用指标分配值为

$$C_{Ri} = C_R P_i \tag{4-11}$$

式中 C_{Ri}——第 i 个零部件的再制造费用；

C_R——再制造的总费用。

4.4.4 保证正确分配的要素

1. 分配的组织实施

根据工程项目的具体情况，可由订购方、承制方、再制造方或三方联合组织进行再制造性分配。当订购方承担系统的综合工作时，由订购方根据再制造方的要求进行分配，将分配结果作为指标列入与各分系统承制方签订的合同中。当系统是由承制方综合时，则整个系统的再制造性分配由联合承制方负责。每个分系统、设备或较低层次产品的承制方（转承制方）再将指标向更低层次分配，直至各可更换单元。再制造性分配要与维修性分配、可靠性分配、保障性分析等工作密切协调，互相提供信息。

2. 分配与再制造性预计相结合

为使再制造性分配的结果合理、可行，在分配过程中，应对分配指标的产品再制造性做出预测，以便采取必要的修正或强化再制造性设计措施。由于设计方案未定，这时很难准确而正规地预计，主要是采用简单粗略的方法，如利用类似产品的数据或经验，或者是由设计人员、再制造人员凭经验估计再制造费用。

3. 对分配结果要进行评审与权衡

再制造性分配的结果是产品研制中再制造性工作评审的重要内容，特别是在系统要求评审、系统设计评审中，更应评审分配的结果。对分配结果要进行权衡。当某个或某些产品的分配值与预计值相差甚远时，要考虑是否合理、可行，对研制周期、费用及产品保障性有何影响。若不合适，则需要调整。

4.5 再制造性预计

4.5.1 概述

再制造性预计是用作再制造性设计评审的一种工具或依据，其目的是预先估计产品的再

制造性参数，即根据历史经验和类似产品的再制造数据等估计、测算新产品在给定工作条件下的再制造性参数，了解其是否满足规定的再制造性指标，以便对再制造性工作实施监控。再制造性预计是分析性工作，投入较少，是研制与改进产品过程中针对产品寿命末端再制造的费用效益较好的再制造性工作，利用它可避免频繁的试验摸底，其效益是很大的。可以在试验之前，或产品制造之前，及至详细设计完成之前，对产品可能达到的再制造性水平做出估计，以便早日做出决策，避免设计的盲目性，防止在完成设计、制成样品试验时才发现不能满足再制造要求，无法或难以纠正。

产品研制过程的再制造性预计要尽早开始、逐步深入、适时修正。在方案论证及确认阶段，就要对满足使用要求的系统方案进行再制造性预计，评估这些方案满足再制造性要求的程度，作为选择方案的重要依据。在工程研制阶段，需要针对已做出的设计进行再制造性预计，确定系统的固有再制造性参数值，并做出是否符合要求的估计。在研制过程中，当设计改动时，要做出预计，以评估其是否会对再制造性产生不利影响及影响的程度。

再制造性预计的参数应同规定的指标相一致。最经常预计的是再制造费用及再制造时间指标，包括平均再制造费用、最大再制造费用及平均再制造时间等。再制造性预计的参数通常是系统或设备级的，而要预计出系统或设备的再制造性参数，必须先求得其组成单元的再制造费用及再制造频率。在此基础上，运用累加或加权和等模型，求得系统或设备的再制造费用，因此根据产品设计特征估计各单元的再制造费用及故障频率是预计工作的基础。

4.5.2 再制造性预计的条件及步骤

1. 再制造性预计的条件

不同时机、不同再制造性预计方法需要的条件不尽相同，但一般应具有以下条件：

1）现有相似产品的数据，包含产品的结构和再制造性参数值。这些数据用作预计的参照基准。

2）再制造方案、再制造资源（包括人员、物质资源）等约束条件。只有明确再制造保障条件，才能确定具体产品的再制造费用等参数值。

3）系统各单元的故障率数据，可以是预计值或实际值。

4）再制造工作的流程、时间元素及顺序等。

2. 再制造性预计的步骤

研制过程各阶段的再制造性预计，适宜用不同的预计方法，其工作程序也有所区别。一般来说，再制造性预计有以下步骤：

1）收集资料。预计是以产品设计或方案设计为依据的，因此再制造性预计首先要收集并熟悉所预计产品设计或方案设计的资料，包括各种原理、框图、可更换或可拆装单元清单、线路图、草图直至产品图，以及产品及零部件的可能故障模式等。再制造性预计又要以再制造方案、故障分析为基础，因此还要收集有关再制造与故障模式及其尽可能细化的资料。这些数据可能是预计值、试验值或参考值。所要收集的第二类资料，是类似产品的再制造性数据，包括相似零部件的故障模式、故障率、再制造度及再制造费用等信息。

2）再制造职能与功能分析。与再制造性分配相似，在预计前要在分析上述资料基础上，进行系统再制造职能与功能层次分析。

3）确定设计特征与再制造性参数的关系。再制造性预计归根结底是要由产品设计或方案设计估计其参数。这种估计必须建立在确定出影响再制造性参数的设计特征的基础上。例如，对一个可更换件，其更换费用主要取决于它的固定方式、紧固件的形式与数量等。对一台设备来说，其再制造费用则主要取决于设备的复杂程度（可更换件的多少）、故障检测隔离方式、可更换件拆装难易等，因此要从现有类似产品中找出设计特征与再制造性参数值的关系，为预计做好准备。

4）预计再制造性参数量值。预计再制造性参数量值具有不同的方法，主要可应用推断法、单元对比法、累计图表法、专家预计法等来完成。

4.5.3　再制造性预计的方法

作为一种绿色设计技术，再制造性预计是建立在一个相似工作条件下，类似系统及其组成部分原有的再制造性数据，可用来预计新设计系统的再制造性参数值。再制造性预计方法有多种，各种不同的预计方法所依据的经验、数据来源、详细程度及精确度不同，应根据不同产品和时机的具体情况来选用。常用的再制造预计方法有推断法、累计图表法、单元对比法、专家预计法等[5]。

1. 推断法

推断法作为最常用的现代预测方法，它在再制造性预计中的应用，就是根据新产品的设计特点、现有类似产品的设计特点及再制造性参数值，预计新产品的再制造性参数值。采用推断法进行再制造性预计的基础是掌握某种类型产品的结构特点与再制造性参数的关系，且能用近似公式、图表等表达出来。推断法是一种产品设计早期的再制造性预计技术，不需要多少具体的产品信息，在产品研制早期有一定的应用价值。

推断法最常采用的是回归预测，即对已有数据进行回归分析，建立模型进行预测。把它用在再制造性预计中，就是利用现有类似产品改变设计特征（结构类型、设计参量等）进行充分试验或模拟，或者利用现场统计数据，找出设备特征与再制造性参量的关系，用回归分析建立模型，作为推断新产品或改进产品再制造性参数值的依据。对不同类型的产品，影响再制造性参数的因素不同，其模型有很大差别。以平均再制造费用为例，可建立如下模型：

$$C_{Ra} = \varphi(u_1, u_2, \cdots, u_n) \tag{4-12}$$

式中　C_{Ra}——平均再制造费用；

$u_1 \sim u_n$——各种单元结构参量。

2. 累计图表法

累计图表法是一种再制造性的预测方法，它通过对各单元的再制造费用或时间的综合而获得系统再制造费用或时间分布。它包括：考虑完成每一项再制造职能所需要的全部再制造工作步骤；根据成功完成再制造的概率、完成时所需费用、对单元个体差异的敏感性、有关的频数等内容分析再制造工作；将各项再制造工作的综合再制造量累加起来就可获得在每个再制造模式下预期的再制造量。在累加综合中必须使用的可再制造性工程基本手段有：职能流程框图；系统功能层次分解项目图表；单元的故障方式、影响、危害性以及再制造能力等的分析；再制造方案与再制造计划的再制造职能分析等。基本单元要素的再制造费用累加表达为

$$C_{Rsa} = \sum_{i=1}^{n} C_{Rsai} f_i / \sum_{i=1}^{n} f_i \qquad\qquad (4\text{-}13)$$

式中　　C_{Rsa}——某一较高分解层次的平均再制造费用；

　　　　C_{Rsai}——该层次下某一单元的平均再制造费用；

　　　　f_i——该单元的再制造频数。

3. 单元对比法

单元对比法是根据在组成新设计的产品或其单元中，总会有些是成熟的、使用过的部件，因此可以从研制的产品中找到一个可知其再制造费用的单元，以此作为基准，通过与基准单元对比，估计各单元的再制造时间，进而确定产品或其零部件的再制造费用。单元对比法不需要更多的具体设计信息，适用于各类产品方案阶段的早期预计，同时可预计预防性、恢复性再制造的参数值，预计的参数可以是平均再制造费用、平均再制造时间等。预计的资料需要有：在规定条件下可再制造单元的清单；可再制造单元的相对复杂程度；可再制造单元各项再制造作业时间的相对量值等。再制造费用的预计模型如下

$$C_{Ra} = C_{Roa} \sum_{i=1}^{n} h_{ci} k_i / \sum_{i=1}^{n} k_i \qquad\qquad (4\text{-}14)$$

式中　　C_{Roa}——基准可再制造单元的平均再制造费用；

　　　　h_{ci}——第 i 个可再制造单元相对再制造费用系数，即第 i 个可再制造单元平均再制造费用与基准可再制造单元平均再制造费用之比；

　　　　k_i——第 i 个可再制造单元相对故障率系数，即 $k_i = \lambda_i / \lambda_o$，其中 λ_i、λ_o 分别是第 i 单元和基准单元的故障率。

4. 专家预计法

专家预计法是指在产品再制造设计中，邀请若干专家各自对产品及其各部分的再制造性参数分别进行估计，然后进行数据处理，求得所需的再制造性参数预计值。参加预计的应包括熟悉产品设计和再制造保障的专家，其中一部分是参与本产品的研制、再制造的人员，另一部分是未参加本产品的研制及再制造的人员。预计的主要依据是：经验数据，即类似产品的再制造性数据及使用部门的意见和反映；新产品的结构（图样、模型或样机实物）；再制造保障方案，包含再制造方式、周期、再制造保障条件等因素。依据以上各项，由专家们对与新产品再制造性参数有关的各个方面进行研究，并在此基础上估算、推断再制造性参数值（如再制造费用及时间等），提出再制造性方面的缺陷和改进措施。专家预计法对再制造性预计的深度取决于研制的进程，当进行至详细设计后，则可分开各部分，分别进行预计，确定各自的再制造性参数，然后再进行逐项累加或求平均值，从而得到产品的再制造性参数预测值。

专家预测的具体方法可以多样化，是一种经济而简便的常用方法，特别是在新产品的样品还未研制出而进行试验评定之前更为适用。为减少预计的主观性影响，应根据实际情况对不同产品、不同时机具体研究实施方法。

4.5.4　保证正确预计的要素

1. 预计的组织实施

低层次产品的再制造性预计与产品设计过程结合紧密，通常由设计人员进行。系统、设

备的正式再制造性预计，涉及面宽且专业性强，应由再制造性专业人员进行。订购方要对预计进行监督与指导。例如，明确预计与不需要预计的产品，要预计再制造性的再制造级别、产品层次、预计的参数，以及建议采用的预计方法等。

2. 预计方法和模型的选用

要根据具体产品的类型、所要预计的参数、研制阶段（或改进）等因素，选择适用的方法。同时，对各种方法提供的模型进行考察，分析其适用性，必要时做局部修正。

3. 基础数据的选取和准备

产品故障及再制造费用等数据是再制造性预计的基础，因此相关数据的选取与准备是预计的关键问题。要从各种途径准备数据并加以优选利用。首先是本系统或产品的数据，然后是有关标准手册的数据，再是使用人员、设计人员的经验数据。

4. 预计结果的及时修正

由于设计在不断深化和修正，以及可靠性、维修性、保障性工作的进展，设计、故障、保障等数据也随之变化，对再制造性会产生影响，因此要随着研制进程对再制造性预计结果加以修正，以充分反映实际技术状态和保障条件下的再制造性。在设计更改和有新的可靠性数据时，应及时预计并修正原预计结果，以便及早发现问题，采取修正措施。

5. 预计结果的应用

再制造性预计值可供论证、研制过程中对设计和设计方案进行评估用。应将预计值与再制造性合同指标的规定（设计目标）值相比较，一般来说，预计值应优于规定值，并有适当余量；否则，应找出原因，即设计或保障的薄弱环节，采取措施，以提高再制造性。

4.6　再制造性试验与评定

4.6.1　再制造性试验与评定的目的与作用

再制造性试验与评定是产品研制、生产乃至使用阶段再制造性工程的重要活动。其总的目的是：考核产品的再制造性，确定其是否满足规定要求；发现和鉴别有关再制造性的设计缺陷，以便采取纠正措施，实现再制造性增长。此外，在再制造性试验与评定的同时，还可对有关再制造的各种保障要素（如再制造计划、备件、工具、设备、技术资料等资源）进行评价。

产品研制过程中，进行了再制造性设计与分析，采取了各种监控措施，以保证把再制造性设计到产品中去。同时，还用再制造性预计、评审等手段来了解设计中的产品的再制造性状况。但产品的再制造性到底怎样，是否满足使用要求，只有通过再制造实践才能真正检验。试验与评定，正是用较短时间、较少费用及时检验产品再制造性的良好途径。

4.6.2　再制造性试验与评定的时机与区分

为了提高试验费用效益，再制造性试验与评定一般应与功能试验、可靠性试验及维修性试验结合进行，必要时也可单独进行。根据试验与评定的时机、目的，再制造性试验与评定可区分为核查、验证与评价。

1. 再制造性核查

再制造性核查是指承制方为实现产品的再制造性要求，从签订研制合同起，贯穿于从零部件、元器件直到分系统、系统的整个研制过程中，不断进行的再制造性试验与评定工作。核查常常在订购方和再制造方监督下进行。

核查的目的是通过试验与评定，检查修正再制造性分析与验证所用的模型和数据；发现并鉴别设计缺陷，以便采取纠正措施，改进设计保障条件使再制造性得到增长，保证达到规定的再制造性。可见，核查主要是承制方的一种研制活动与手段。

核查的方法灵活多样，可以采取在产品实体模型、样机上进行再制造作业演示，排除模拟（人为制造）的故障或实际故障，测定再制造费用等试验方法。其试验样本量可以少一些，置信度低一些，着重于发现缺陷，探寻改进再制造性的途径。当然，若要求将正式的再制造性验证与后期的核查结合进行，则应按再制造性验证的要求实施。

2. 再制造性验证

再制造性验证是指为确定产品是否达到规定的再制造性要求，由指定的试验机构进行或由订购方、再制造方与承制方联合进行的试验与评定工作。再制造性验证通常在产品定型阶段进行。

验证的目的是全面考核产品是否达到规定要求，其结果作为批准定型的依据之一，因此再制造性验证试验的各种条件应当与实际使用再制造的条件相一致，包括试验中进行再制造作业的人员、所用的工具、设备、备件、技术文件等均应符合再制造与保障计划的规定。试验要有足够的样本量，在严格的监控下进行实际再制造作业，按规定方法进行数据处理和判决，并应有详细记录。

3. 再制造性评价

再制造性评价是指订购方在承制方配合下，为确定产品在实际再制造条件下的再制造性所进行的试验与评定工作。评价通常在试用或使用阶段进行。

再制造性评价的对象是已退役或需要升级的产品，需要评价的再制造作业重点是在实际使用中经常遇到的再制造工作。主要依靠收集使用再制造中的数据，必要时可补充一些再制造作业试验，以便对实际条件下的再制造性做出估价。

4.6.3　再制造性试验与评定的内容

无论是再制造性核查、验证还是评价，都分为定性评定和定量评定两部分。

1. 定性评定

定性评定是根据再制造性的有关国家标准或再制造性设计的要求或规定的要求而制定的检查项目核对表结合再制造操作、演示进行。其内容主要有：可拆解性、检测的方便性与快速性、零部件的标准化与互换性、防差错措施与识别标记、工具操作空间和工作场地的再制造安全性、人素工程要求等。由于产品的再制造性与再制造保障资源及产品的使用状况是相互联系、互为约束的，故在评定维修性的同时，需评定保障资源是否满足再制造工作的需要，并分析再制造作业程序的正确性；审查再制造过程中所需再制造人员的数量、素质、工具与测试设备、更换件和技术文件等的完备程度和适用性。

2. 定量评定

定量评定是对再制造性指标进行验证。要求在自然使用后的产品寿命末端或模拟产品寿命末端条件下，根据试验中得到的数据，进行分析判定和估计，以确定其再制造性是否达到指标要求。

由于核查、验证和评价的目的、进行的时机、条件不同，因此应对上述内容各有所取舍和侧重，但定性的评定都要认真进行。定量的评定在验证时要全面、严格按需求或规定的要求进行。核查和评价时则根据目的要求和环境、条件适当进行。

4.6.4 再制造性试验与评定的一般程序

再制造性试验与评定的一般程序可分为准备阶段和实施阶段。目前尚未对其实施的要求、方法、管理做出详细规定。此处仅根据其他的方法做简单介绍。

1. 试验与评定的准备

准备阶段的工作通常包括制订试验计划，选择试验方法，确定受试品，培训试验再制造人员，准备试验环境、设备等条件；试验之前，要根据相关的规定，结合产品的实际情况、试验时机及目的等，制订详细的计划。

选择试验方法与制订试验计划必须同时进行。应根据合同中规定要验证的再制造性指标、再制造率、再制造经费、时间及试验经费、进度等约束，综合考虑选择适当的方法。

再制造性试验的受试品，对核查来说可取研制中的样机，而对验证来说，应直接利用定型样机或在提交的等效产品中随机制取。

参试再制造人员要经过训练，达到相应再制造部门的再制造人员的中等技术水平。试验的环境条件，工具、设备、资料、备件等保障资源，都要按实际使用再制造情况准备。

2. 试验与评定的实施

实施阶段主要有以下各项工作：

（1）确定再制造作业样本量 如上所述，再制造性定量要求是通过参试再制造人员完成再制造作业来考核的。为了保证其结果有一定的置信度，减少决策风险，必须进行足够数量的再制造作业，即要达到一定的样本量。但样本量过大，会使试验工作量、费用及时间消耗过大。可以结合维修性验证来进行，一般来说，再制造性一次性抽样检验的样本要求在30 以上。

（2）选择与分配再制造作业样本 为保证试验具有代表性，所选择的再制造作业样本最好与实际使用中进行的再制造作业一致。因此对恢复性再制造来说，优先选用对物理寿命退役产品进行的再制造作业。试验中把对产品在功能试验、可靠性试验、环境试验或其他试验所使用的样本量，作为再制造性试验的作业样本。当达到自然寿命时间太长时，或者再制造条件不充分时，可用专门的模拟系统来加速寿命试验，快速达到其物理寿命，供再制造人员试验使用。为缩短试验延续时间，也可全部采用虚拟再制造方法。

在虚拟再制造中，再制造作业样本量还要合理地分配到产品各部分、各种故障模式。其原则是按与故障率成正比分配，即用样本量乘以某部分、某模式故障率与故障率总和之比作为该部分、该模式故障数。

（3）虚拟与现实再制造 在虚拟或现实的试验中，寿命末端产品可由参试再制造人员进行虚拟再制造或现实再制造，按照技术文件规定的程序和方法，使用规定设备、器材等进行再制造试验，同时记录其相关费用、时间等信息。

（4）收集、分析与处理试验数据 试验过程要详细记录各种原始数据，对各种数据要加以分析，区分有效数据与无效数据，特别是要分清哪些费用应计入再制造费用中。然后，按照规定方法计算再制造性参数或统计量。

（5）评定　根据试验过程及其产生的数据，对产品的再制造性做出定性评定与定量评定。

定性评定，主要是针对试验、演示中的再制造操作情况，着重检查再制造的要求等，并评价各项再制造保障资源是否满足要求。

定量评定，是按试验方法中规定的判决规则，计算确定所测定的再制造作业时间或工时等是否满足规定指标要求。

（6）编写试验与评定报告　再制造性试验与评定报告的内容与格式要求应制订详细的规定。

在核查、验证或评价结束后，试验组织者应分别写出再制造性试验与评定报告。如果再制造性试验同维修性或其他试验结合进行的，则在其综合报告中应包含再制造性试验与评定的内容。

4.6.5　再制造性试验与评定的组织管理

为保证试验评定有领导、有组织地顺利实施，要建立试验组织。一般来说，要有领导小组和试验组，其下可设技术、再制造、保障等小组。研制过程的再制造性核查，由承制方组织，订购方派代表参加。再制造性验证由试验基地（场）承担时，由基地（场）组织实施，订购方、承制方参加并负责做好有关的准备及保障工作。验证在研制单位进行时，由订购方、再制造方、承制方三方人员组成领导小组（其组长由订购方人员担任）。试用或使用中的再制造性评价，由再制造方组织实施，承制方派人员参加。试验评定领导小组负责组织实施再制造性试验与评定工作，对试验评定过程进行全面的监督、控制与协调，对于试验中发生的问题及时做出决策，保证试验评定按计划进行，达到预期的效果。

4.7　再制造性设计步骤

再制造性设计是再制造性工程的核心和关键环节，为保证再制造性设计的质量，再制造性设计应遵循如图4-7所示的程序。

4.7.1　再制造性需求分析

再制造性需求分析是明确再制造性要求和约束条件，这是进行设计的依据，是要把要求和约束条件转化为再制造性技术，并落实到各层次产品设计中。明确要求和约束条件，是明确再制造性设计重点的基础，也是分析和找出设计缺陷的依据；是再制造性设计评审的依据，也是指标权衡和方案权衡的重要依据。

需求分析需要考虑如下因素：

1）用户提出的再制造性大纲是设计方明确再制造要求和约束条件的主要依据，应对用户要求做深入分析，充分考虑与理解再制造用户的最终要求。

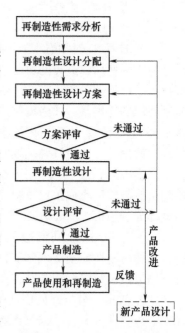

图4-7　再制造性设计程序

2）应对再制造要求和约束条件做深入分析，明确再制造性设计的重点和难点。约束性分析还包括研制周期、费用和再制造条件（生产和保障条件），以及再制造用设备、设施、工具、人员、技术等资源的约束。

3）信息收集和调研：包括收集国内外再制造性特点和难点，到实地考察调研，了解现有类似产品的再制造性设计缺陷，以避免这些缺陷在新产品中重现。

4）产品功能与结构分析：再制造性是产品的重要设计属性之一，它融于产品而不可能独立存在，再制造性分配图与产品的功能、结构层次图是一致的，充分分析了解产品的功能和结构层次是把再制造性要求落实到产品的基础。

4.7.2　再制造性设计分配

把再制造性设计要求分配到产品的各功能和结构层次，明确各部分的再制造性设计目标和要求，可避免设计的盲目性。最终应提供产品各功能和结构层次的再制造性设计要求。再制造性设计分配需考虑以下因素：

1）由再制造性需求分析所提供的明确的再制造性设计要求。

2）再制造性设计分配应以可靠性和维修性设计分配为前提条件。

3）需要明确各零部件的再制造级别以及其再制造要求。

4）再制造性设计需要明确采用的再制造类别（恢复性再制造、升级性再制造、改造性再制造等），或者是综合性再制造。

5）产品的功能和结构层次明确，应把再制造性设计分配到需要进行更换或再制造加工的最低零件级水平。

6）再制造性活动应考虑到再制造活动中的准备、拆解、检测、加工、装配、涂装等环节。

7）应对再制造的专业性技术活动进行明确，即对再制造任务根据专业技术特点，做出全面的专业性分配。

4.7.3　再制造性设计方案

1. 再制造方案设计的任务

把再制造性设计分配结果转化为具体的设计方案，这个方案是再制造性保证的组成部分。再制造性设计方案书中应包括下述几个方面的再制造方案。

1）不同再制造级别中的再制造方案。

2）不同再制造类别中的再制造方案。

3）产品不同功能和结构层次上的再制造方案。

4）不同专业技术的再制造方案。

2. 再制造性设计方案中的技术措施

在设计中能否采用合理、正确的技术措施，是实现再制造性指标的关键环节，也是指导后续详细设计的依据。再制造性设计方案中应考虑下列技术措施。

1）电气技术措施。例如电气模块中的故障诊断、测试和再制造策略等的要求。

2）结构上的考虑。例如产品的拆解方案和模块划分原则。

3）连接上的考虑。在机械连接中是用螺纹连接、铰接、卡接还是快速连接；电气连接中是用焊接、搭接还是插接。

4）再制造空间的考虑。

5）易损件的考虑。

6）再制造设备工具的考虑。

3. 再制造性设计方案评审

再制造性设计方案评审的目的是根据再制造性目标和再制造性分配的要求，审查设计方案中的技术措施能否保证达到预期要求。再制造性设计方案评审可与产品设计方案评审同时进行。

4.7.4　再制造性设计评审

再制造性设计指的是将有助于再制造性的各种具体技术措施融入产品的详细设计中。

再制造性设计的评审可与产品评审同时进行，但不可忽略或取消再制造性设计评审，必须按再制造性目标、再制造性分配、再制造性方案和再制造性设计准则，审查产品的再制造性。为保证评审的全面性，可借助于各种内容的再制造性核查表，逐条进行核查，可避免某些要素的遗漏。

4.7.5　再制造性设计的反馈及修正

1. 设计过程中的迭代修正

随着设计过程的深入发展，在功能结构的可能性、经济性和再制造性之间出现新的矛盾时，需进行综合权衡，并对已做出的设计进行修正。这一修正不仅在评审后进行，在工作的各个阶段都应进行内部评审，并及时进行修正。即使在制造阶段，甚至使用阶段也会有改善再制造性的要求。这时往往需要重新审视和修正再制造性分配（局部修正），并对产品做出必要的和可能的改进。

2. 使用和再制造反馈

在产品使用和再制造过程中，为了发现和确定设计中不符合人素工程之处，应系统地积累再制造经验。再制造性设计缺陷的收集、分析，可运用现场观察、彩旗作业分析等方法。分析结果可用于指导现有产品或装置的改进，以及新产品的设计。

3. 改进措施

对于发现的再制造性设计缺陷，可采取如下改进措施：

1）改进产品设计特征，例如改善该产品的拆解性、清洗性等。

2）改进产品再制造的保障条件，例如增加或改进所用的工具、检测仪器等。

参 考 文 献

[1] 史佩京，徐滨士，刘世参，等. 面向装备再制造工程的可拆卸性设计 [J]. 装甲兵工程学院学报，2007，21（5）：12-15.

[2] 杨继荣，段广洪，向东. 产品再制造的绿色模块化设计方法 [J]. 机械制造，2007，45（3）：1-3.

[3] 朱胜，姚巨坤. 再制造设计理论及应用 [M]. 北京：机械工业出版社，2009.

[4] 姚巨坤，朱胜，何嘉武. 装备再制造性分配研究 [J]. 装甲兵工程学院学报，2008，22（3）：70-73.

[5] 姚巨坤，朱胜，时小军. 装备设计中的再制造性预计方法研究 [J]. 装甲兵工程学院学报，2009，23（3）：69-72.

第 5 章

面向再制造性的产品设计方法

产品的再制造性并不是孤立的产品属性,当前相关的诸多设计方法都会对再制造性提升具有积极的作用,例如绿色设计、可拆解性设计、标准化设计、模块化设计等,都可以促进再制造的便利性,增强产品寿命末端时的再制造效益。

5.1 再制造性设计准则

5.1.1 概述

再制造性是产品的固有属性,单靠计算和分析是无法设计出良好的再制造性的,需要根据设计和使用中的经验,拟订准则,用以指导设计。

再制造性设计准则是为了将系统的再制造性要求及使用和再制造生产保障约束转化为具体产品的具体设计而确定的通用或专用设计方法和准则[1]。这些准则是设计人员在设计产品时应遵循和采纳的。确定合理的再制造性设计准则和方法,并严格按准则的要求进行设计和评审,就能够确保产品再制造性要求落实在产品设计中,并最终实现这一要求。确定再制造性设计准则是再制造性工程中极为重要的工作之一,也是再制造性设计与分析过程的主要内容。

制订再制造性设计准则的目的可以归纳为以下三点:

1) 指导设计人员进行产品设计。

2) 便于系统工程师在研制过程中,特别是设计阶段进行设计评审。

3) 便于分析人员进行再制造性分析、预计。

我国再制造性工程刚刚起步,许多设计人员对再制造性设计尚不熟悉,同时再制造性数据不足,定量化工作不尽完善。在这种情况下,充分吸取国内外经验,发挥再制造性与产品设计专家的作用,制订再制造性设计准则,供广大设计、分析人员使用,就更有其特殊作用。

5.1.2 再制造性设计准则的制订时机及依据

1. 制订时机

初始的再制造性设计准则应在进行了初步的再制造性分析后开始制订。由于进行了再制造性分配、综合权衡及利用模型分析,为制订能满足要求的再制造性设计准则奠定了基础。同研制过程中的工程活动一样,确定再制造性设计准则也是一个不断反复、逐步完善的过程。初步设计评审时，承制方应向订购方和再制造方提交一份将要采用的设计准则及其依据，以便获得认可，随着设计的进展，该准则不断改进和完善，在详细设计评审时最终确定其内容及说明。要将再制造性设计准则尽早提供给设计人员，以作为他们进行设计的依据。

2. 制订依据

确定再制造性设计准则最基本的依据是产品的再制造方案和再制造性定性和定量要求。设计准则应当依据再制造性定性和定量要求，实际上，设计准则就是这些要求的细化和深化。再制造方案中描述了产品及其各组成部分将于何时、何地以及如何进行再制造，以及在完成再制造任务时将需要什么资源。再制造方案的规划和再制造性的设计在研制过程中具有同等重要的地位，并且是相互交叉、反复进行的。再制造方案影响产品设计，反过来，设计一旦形成，对方案又会有新的要求。初始的再制造方案通常由再制造方根据产品的再制造要求提出，并不宜轻易变动，它是设计的先决条件，没有再制造方案就不可能进行再制造性设计。例如，若小单位再制造时不允许进行原件恢复，那么就意味着设计中应尽量采用模块化设计，一旦产品需要紧急再制造，小单位只进行换件再制造。因此，确定再制造性设计准则，还必须以再制造方案为依据。

目前，由于我国还没有形成完全的再制造性设计准则，因此确定具体产品的再制造性设计准则可参照类似产品的再制造性设计准则和已有的再制造与设计实践经验教训，或者参考维修性设计技术中适用的标准、设计手册等。

5.1.3 再制造性设计准则的内容及应用

再制造性设计准则通常要包括一般原则（总体要求）和分系统（部件）的设计准则，其内容要符合定性再制造性要求的详细规定，包括可达性、标准化、互换性、模块化、安全性、防差错措施与识别标志、检测诊断迅速简便、人素工程以及应急再制造等。制订设计准则时，首先要从现有的各种标准、规范、手册中选取那些适合具体产品的内容，同时，要依据具体产品及各部分的功能、结构类型、使用维修条件等特点，补充更详尽具体的原则和技术措施。

再制造性设计准则是在研制过程中逐步形成和完善的，应当在初步设计之前提出初步的设计准则及其来源的清单，在详细设计前提出最后的内容与说明，供设计人员作为设计的依据。要在设计评审前，根据设计准则编制再制造性设计核对表，作为检查、评审产品设计再制造性的依据。在检查评审中，应对产品设计与设计准则的符合性做出判断，以便发现不符合设计准则的缺陷，采取必要的措施补救，并写出报告。

5.1.4 注意事项

1）再制造性设计准则由产品设计总师系统组织再制造性专业人员与有经验的产品设计人员制订。再制造性专业人员熟悉再制造性的理论与方法、要求、标准；产品设计人员则熟悉所设计产品的性能、任务、结构类型，因此，需要由这两部分人员结合来编制再制造性设计准则。

2）再制造性设计准则的制订要早做准备。在广泛收集有关再制造性设计及同类产品设计资料的基础上，在设计早期选定适用的准则，并与设计实践结合，逐步完善，以便对设计人员及时提供指导。

3）产品再制造性设计准则，既要与各种再制造性标准、规范、手册等技术文件相一致，又要与其他方面的设计准则相协调。而这种协调、一致又要以产品的特点作为出发点，即与产品特点相结合。例如，产品的再制造性设计原则与技术措施的选择，必须考虑到它是否会影响可靠性、结构强度、可生产性、研制周期、产品尺寸与重量等。这就要综合权衡，要从产品特点出发，确定是否选择该项设计原则和技术措施。

5.2　绿色设计

5.2.1　绿色设计的发展背景

随着经济的高速增长，工业生产的发展在为人类创造物质文明的同时也带来了环境污染、资源枯竭、生态破坏等诸多问题，威胁着人类的生命安全。制造业仍然是对环境影响产生支配作用的行业，其环境影响贯穿于产品的整个生命周期。在过去的几十年中，人类在污染治理、环境保护等方面做了大量的工作，并取得了一定的成效。但这些方法大多属于寿命末端治理，不能从根本上解决环境问题。

要使产品成为"绿色产品"，从源头上减少环境污染，就必须从绿色设计方面着手。过去在产品设计时，设计人员主要是根据该产品基本属性指标（功能、质量、寿命、成本等）进行设计，其设计指导原则是只要产品易于制造并具有要求的功能、性能即可，没有充分考虑产品包含资源的再生利用，以及产品全寿命周期中对生态环境的影响，也缺乏必要的面向再制造的设计。按传统设计生产制造出来的产品，在其使用寿命结束后通常就成为废弃物，回收利用或再制造率低，资源、能源浪费严重，特别是其中的有毒有害物质，会严重污染生态环境，影响生态的可持续发展。再制造属于绿色制造，再制造性设计属于绿色设计，对产品进行绿色设计，将能够提升产品的再制造性；反之，对产品进行再制造性设计，也能够显著提升产品的绿色性。

5.2.2　绿色设计的基本概念和特点

1. 基本概念

绿色设计（green design，GD）也称为生态设计（ecological design，ED）、环境设计（design for environment，DFE）、生命周期设计（life cycle design，LCD）或环境意识设计（environment conscious design，ECD）等，是指借助产品生命周期中与产品相关的各类信息（技术信息、环境协调性信息、经济信息）等，利用模块化设计、并行设计等各种先进的设计理论，使设计出的产品具有先进的技术性、良好的环境协调性以及合理的经济性的一种系统化设计方法[2]。这些设计的目的是为了极小化产品全生命周期过程的资源消耗和环境影响，使得其经济效益和环境效益协调优化，因此可统称为绿色设计。

绿色设计面向产品的整个生命周期，是从摇篮到再现的过程，其基本思想是在设计阶段就将环境因素和预防污染的措施纳入产品设计之中，将环境性能作为产品的设计目标和出发点，力求将产品对环境的影响减为最小[3]。也就是说，要从根本上防止环境污染，节约资源和能源，关键在于设计与制造，不能在产品产生了不良的环境后果再采取防治措施。再制造性设计属于绿色设计内容，同样，绿色设计的相关方法准则也会提高产品的再制造性。

2. 主要特点

绿色设计源于传统设计，但又区别于传统设计，它包含产品从概念设计到生产制造、使用乃至废弃后的回收、再制造及环保处理的生命周期全过程，是从可持续发展的高度审视产品的整个生命周期，强调在产品开发阶段就按照全生命周期的观点进行系统性地分析与评价，消除潜在的、对环境的负面影响，将"4R"（即 reduce、reuse、recycling、remanufacturing）直接引入产品开发阶段，提倡无废物设计、可循环利用设计。绿色设计的主要特点包括以下几个方面：

1）绿色设计有利于保护环境和维护生态系统平衡。在设计过程中，分析和考虑产品的环境需求是绿色设计区别于传统设计的主要特征之一，因而，绿色设计可从源头上减少废弃物的产生。

2）绿色设计可拓展产品生命周期。传统产品生命周期包括从"产品制造到投入使用"的各个阶段，即"从摇篮到坟墓"的过程；而绿色设计将产品的生命周期延伸到了"产品使用结束后的回收重用及处理处置"，即可以通过再制造等技术手段实现"从摇篮到再现"的过程，便于从总体的角度理解和掌握与产品有关的环境问题及原材料的循环管理、再制造利用、废弃物的管理和堆放等，便于绿色设计的整体优化。

3）绿色设计是并行闭环设计。传统设计是串行开环设计过程，而绿色设计不仅拓展了产品的生命周期，并要求产品生命周期的各个阶段必须被并行考虑并建立有效的反馈机制，即实现各个阶段的闭路循环。

4）绿色设计是动态设计过程。为获得高的环境性能，在产品设计中，需不断地对其生命周期环境影响进行评价和再设计。产品的绿色设计过程分为四个动态阶段：第一阶段为产品提高阶段；第二阶段为产品再设计阶段；第三阶段为产品功能创新阶段；第四阶段为产品系统创新阶段。即绿色设计是一个从部分到系统、从简单到复杂、从渐进创新到根本创新的动态过程。

5）掌握绿色知识的设计人员是绿色设计的主体。设计人员在绿色设计过程中起着举足轻重的作用，因为他们必须将包括社会需求和用户需求在内的所有需求体现在产品的设计过程中，因此，必须注重人员的培养和知识的积累。

5.2.3　绿色设计的原则

绿色设计与传统设计的根本区别在于：绿色设计要考虑产品的整个生命周期，从产品的构思开始，在产品的结构设计、零部件的选材、制造、使用、报废和回收利用过程中对环境、资源的影响，希望以最小的代价实现产品"从摇篮到再现"的循环[2]。绿色设计综合考虑环境因素和资源利用率等。绿色设计与传统设计相比较，应遵循以下原则：

1. 生态效益最好原则

绿色设计应彻底抛弃传统的"先污染，后处理"的末端治理环境方式，而要实施"预防为主，治理为辅"的环境保护策略，强调不论是在产品制造过程中，还是在产品使用过程中，都要求产品对周围环境"零污染"。因此，设计时就必须充分考虑如何消除污染源，从根本上防止污染，要求在设计过程中尽量选择低污染的材料及零部件，避免选用有毒、有害和有辐射性的材料；设计能源消耗少的产品，减少对材料和资源的需求，保护地球上的矿物资源。在设计方面考虑产品的生态平衡性，应用绿色设计理念，是一种从源头上控制污染的有效策略。

2. 资源最佳利用原则

资源包括材料和能源两部分。材料的最佳利用包括两个方面的内容：一是在选用资源时，应从可持续发展的观念出发，考虑资源的再生能力和跨时段配置问题，不能因资源的不合理使用而加剧枯竭危机，尽可能使用可再生资源；二是在设计时，尽可能保证所选用的资源在产品的整个生命周期中得到最大限度地利用，即使在产品寿命末端也能够通过再制造等手段，实现高价值应用。

能量要求消耗最少，包括两个方面的内容：一是在选用能源类型时，应尽可能选用太阳能、风能等清洁型可再生一次能源，而不是汽油等不可再生二次能源，这样可有效地缓解能源危机；二是从设计上力求产品整个生命周期循环中能源消耗最少，并减少能源的浪费，避免这些浪费的能源可能转化为振动、噪声、热辐射及电磁波等。

3. 经济效益最好原则

设计的机械零件既要功能满足客户要求，又要成本低廉。考虑经济最佳性必须从设计和制造两个方面入手。设计上保证合理的原理方案，选用正确的材料；制造上考虑零件的加工工艺性和装配工艺性。同时，绿色设计不仅要考虑产品所创造的经济效益，而且要从可持续发展的观点出发，考虑产品在生命周期内的环境行为对生态环境和社会所造成的影响，从而带来的环境生态效益和社会效益的总体情况。也就是说，要使绿色产品生产者不仅能取得好的环境效益，而且能取得好的经济效益，即取得最佳的生态经济效益。

4. 人机工程学原则

绿色设计倡导"以人为本"，进行人性化设计，实现对人体的良好保护。通过研究组成人机系统的人和机器的相互关系，以提高整个系统的工作效率，并使"人-机器-环境"相互协调，以求达到人的能力与作业活动要求相适应，创造高效、舒适、安全的劳动条件。机器外观造型应比例协调、大方，给人以时代感和美感，色彩要和产品功能相适应。

5. 安全可靠原则

安全可靠是机械产品品质的保证，必须确保零件在强度、刚度、耐磨性、稳定性及热平衡性方面满足设计要求。对于重型机械，一般要求有自锁装置和保险装置，以确保操作员人身安全。应该确保产品在生命周期内对劳动者（生产者和使用者）具有良好的保护功能，在设计上，要从产品制造和使用环境以及产品的质量和可靠性等方面，考虑如何确保生产者和使用者的安全，以免对人们的身心健康造成危害。总之，绿色设计力求损害为零。例如，噪声已经成为一种环境污染，影响到人体健康，随着环保意识的增强，人们对环境要求越来越苛刻，低噪声设计日趋重要。

5.2.4　绿色设计的内容与方法

绿色设计的主要内容包括：材料的选择、面向结构的设计、面向制造与装配的设计、面向包装的设计、可回收利用性设计、可拆解性设计、产品的成本分析等。这些绿色设计的内容通常也会促进再制造性提高。

1. 材料的选择

材料的选择是绿色设计不可缺少的组成部分，是产品开发过程中的最早、最重要的设计决策，同时又是一种重要手段，借助它可以使产品对环境的影响最少。因此，绿色设计要求设计人员改变传统的选材程序和步骤，选材时不仅要考虑产品的使用要求和性能，更要优先考虑产品的环境性能，优先考虑材料本身制备过程中低能耗、少污染，且产品报废后便于回收重用或易于降解的、具有良好环境协调性的绿色材料[3]。具体的措施包括以下几个方面：

1) 减少使用短缺或稀有的原材料数量，多使用废料、余料或回收材料；尽量寻找短缺或稀有原材料的代用材料。

2) 减少所用材料种类，并尽量采用相容性好的材料，以利于废弃后产品的分类回收。

3) 尽量少用或不用有毒、有害的原材料。

4) 优先采用可回收再生的材料、节能型材料、可降解材料、环境友善型材料、可再利用或再循环的材料等。

2. 面向结构的设计

产品结构设计是否合理，对材料的使用量、产品维护及淘汰废弃后的拆解回收等有着重要影响。与结构有关的设计准则包括以下几个方面：

1) 在不影响功能的情况下，通过产品的小型化尽量节约资源的使用量。

2) 简化产品结构，提倡"简而美"的设计原则。

3) 采用模块化结构设计和易于拆解的连接方式，并尽量减少紧固件数量。

4) 在保证产品耐用的基础上，赋予产品合理的使用寿命，同时考虑产品"精神报废"因素，并努力减少产品使用过程中的能量消耗。

5) 在产品设计过程中，注重产品的多品种及系列化，以满足不同层次的消费需求。

6) 尽可能简化产品包装，采用适度包装，避免过度包装，使包装可以多次重复使用或便于回收且不会产生二次污染。

3. 面向制造与装配的设计

绿色设计需要提供一种从装配和制造的观点分析设计方案的系统化方法，要求在设计阶段就尽早地考虑与产品制造和装配有关的约束（如可制造性、可装配性），使产品更简化，装配和制造费用更少。制造工艺是否合理对加工过程中的能量消耗、材料消耗、废弃物种类和数量等有着直接的关系。全面评价产品和工艺设计，同时提供改进的设计反馈信息，在设计过程中完成可制造性和可装配性检测，使产品结构合理、制造简单、装配性好，并实现全局优化，从而缩短产品的开发周期。设计时应考虑以下几方面的因素：

1) 改进和优化工艺技术，提高产品合格率。

2) 采用合理工艺，简化产品加工流程，减少加工工序，谋求生产过程的废料最少化，避免不安全因素。

3) 减少产品生产过程中的污染物排放，如减少切削液使用或采用干切削加工技术等。

4. 面向包装的设计

机械产品绿色包装设计应符合4R1D的原则（即Reduce，减少包装材料，反对过度包装的减量化原则；Reuse，可重复使用、不轻易废弃的有效再利用原则；Recycle，可回收再生，把废弃的包装制品回收处理并循环使用的原则；Recover，利用焚烧获取能源和燃料的资源再生原则；Degradable，可降解腐化不产生污染的可降解原则），从而实现包装材料再填充、再利用、循环再造、再降解等，减少包装浪费。既在设计上无害于人体健康、废弃物不污染环境，又便于回收再用或再循环产品包装。

5. 可回收利用性设计

可回收利用性设计是指在进行产品设计时，充分考虑产品各种材料组分回收再用的可能性、回收利用方法（再生、降解、再制造等）、回收费用等与产品回收有关的一系列问题，从而达到节约材料、减少浪费、对环境污染最小的目的的一种设计方法。可回收利用性设计的主要方法有以下几个方面：

1）避免使用有害于环境及人体的材料。

2）减少产品所使用的材料种类。

3）避免使用与标准循环利用过程不相兼容的材料或零件。

4）使用便于重用的材料。

5）按兼容性组织材料。

6）允许使用重用的零部件。

7）鼓励用户进行循环利用。

6. 可拆解性设计

传统的设计方法一般只考虑零部件的装配性，很少考虑产品的可拆解性。而绿色设计则要求把可拆解性作为产品结构设计的一项评价准则，使产品在报废以后，其零部件能够高效、不被破坏地拆解下来，从而有利于零部件的重新利用或进行材料循环再生，达到既节省又保护环境的目的。因此，可拆解性设计成为绿色设计的重要内容之一，引起了许多研究人员的重视并进行了深入的研究，现在已在应用中取得了显著的效益。由于产品的品种千差万别，不同的产品必须采用不同的可拆解性设计方法，具体将在下节内容进行介绍。

7. 产品的成本分析

绿色设计中的成本分析与传统的成本分析截然不同。由于在产品设计的初期，就必须考虑产品的回收、再利用等性能，因此，在进行成本分析时，就必须考虑污染物的替代、产品拆解、重复利用成本、特殊产品相应的环境成本等。对企业来说，是否支出环保费用，也会形成企业间产品成本的差异。因此，进行绿色设计时，应在做出每个设计选择时进行成本分析，以使产品更加"绿色化"，达到追求环境效益与经济效益双赢的目的。

5.3　面向再制造的可拆解性设计

5.3.1　可拆解性设计的内涵

拆解是再制造的独特工艺过程，决定着废旧产品能否进行再制造，以及废旧件的再制造率，也是再制造获取最大效益的重要影响环节[4]。若在产品设计阶段，就面向再制造进行产品的可拆解性设计，则可以在产品寿命末端时显著提升拆解效率，减少拆解损伤率，提升废旧件的利用率，提升产品的再制造能力。

拆解是指采用一定的工具和手段，解除对零部件造成约束的各种连接，将产品的零部件逐个分离的过程。拆解比装配更加困难。这是因为废旧零件内部存在大量锈蚀、油污和灰尘，从而导致拆解速度降低；拆解也不单是装配的逆向过程，有些产品零件是通过胶粘、铆接、模压、焊接等方式连接的，形成的连接件很难实现其逆向操作；同时，拆解过程中还要对一些不能进行再制造的零件进行鉴别和剔除。

可拆解性设计是产品再制造性设计的重要内容，是有效提升产品再制造能力的有效措施，是实现产品维修维护、再制造回收及再循环应用的基础。产品可拆解性的好坏，直接影响到产品再制造的效率和成本。产品的可拆解性是一种设计出来的产品系统固有特性，这种固有特性决定了系统拆解的难易程度。因此，为了更好地实现产品并行设计、提高产品质量，使产品易于维护、维修和再制造，必须在产品早期设计阶段就考虑产品的可拆解性。

国外对可拆解性设计开展了一定的研究，已将拆解工序优化和成本分析方法的任务分成装配图形表示、分解点求解分析、拆解优化矩阵分析及拆解工序和计划生成等几个阶段，其成本按目标拆解、完全拆解和最优拆解三种类型进行分析。

5.3.2 可拆解性设计的原则

产品可拆解性设计的合理性对拆解过程影响很大，也是保证产品具有良好再制造性能的主要途径和手段。产品可拆解性设计的原则就是为了将产品的可拆解性要求转化为具体的产品设计而确定的通用或专用设计准则和原则，针对不同目标的产品可拆解性设计原则一直是设计领域研究的重点。国际再制造专家预言，未来的所有产品都是可以拆解和再利用的。

1. 非破坏性拆解设计原则

拆解有两种基本方式：第一种是可逆的，即非破坏性拆解，例如螺钉的旋出，快速连接的释放等；第二种方式是不可逆的，即破坏性拆解，例如将产品的外壳切割开，或采用挤压的方法把某个部件挤压出来，这可能会造成一些零部件的损坏。非破坏性拆解设计的关键问题是，能否将产品中的零部件完整拆解下来而不损害零件的结构和零件的整体性能，以及方便地使用新零部件；而破坏性的拆解仅适用于材料回收。

2. 模块化设计原则

产品模块化是在考虑产品零部件的材料、拆解、维护及回收等诸多因素的影响下，对产品的结构进行模块化划分，使模块成为产品的构成单元，从而减少了零部件数量，简化了产品结构，有利于产品的再制造实施，便于产品的再循环利用。在面向再制造的产品可拆解性设计中，模块化设计原则具有重要的意义。

3. 技术预测设计原则

技术的飞速发展及人们需求的日益增长，会使产品的技术功能需求产生不确定性，即产品的使用需求与原始需求之间产生了较大改变，而减少这些结构与技术的不确定性有利于实现产品的快速检测、拆解和升级。例如，产品技术预测设计原则通常要求避免易老化、易腐蚀材料的结合以及防止要拆解的零部件的污染和腐蚀，增强技术的发展预测设计。

5.3.3 可拆解性设计的准则

可拆解性设计准则就是为了将产品的可拆解性要求及回收约束转化为具体的产品设计而确定的通用或者专用设计准则。合理的可拆解性设计准则，是设计人员进行产品设计和审核时遵循并严格执行的技术文件，也是最终实现产品良好的可拆解性要求的保证。

面向再制造的可拆解性设计要求，在产品设计的初期将可拆解性和再制造性作为结构设计的指标之一，使产品的连接结构易于拆解，维护方便，并在产品废弃后能够充分有效地回收利用。表5-1给出了面向产品再制造的可拆解性设计准则，但是，由于报废产品的处理方式是不同的，因此这些可拆解性设计准则必须根据具体的目标有选择地使用。

表 5-1　面向产品再制造的可拆解性设计准则[5]

与材料有关的设计准则	与连接件有关的设计准则	与产品结构有关的设计准则
减少材料的种类	减少连接件数目	应保证拆解过程中的稳定性
尽可能使用可回收的材料	减少连接件型号	采用模块化设计、减少零件数量
使用回收后的材料生产零部件	减少拆解距离	减少电线和电缆的数量与长度
减少危险、有毒、有害材料的数量	拆解方向一致	连接点、折断点和切割分离线应明显
对有毒、有害材料进行清楚标志	避免破坏被连接件	将不能回收的零件集中在便于分离的某个区域
对塑料和相似零件的材料进行标志	拆解空间应便于拆解操作	将高价值的零部件布置在易于拆解的位置
相互连接的零部件材料尽可能兼容	采用相同的装配和拆解操作方法	将有毒有害材料的零部件布置在易于分离的位置
黏结与连接的零部件材料不兼容时应易于分离	采用易拆和可破坏性拆解的连接件	避免嵌入塑料中的金属件和塑料零件中的金属加强件

根据以上准则，在产品设计过程中可参考以下要求。

1. 明确拆解对象

在进行产品设计时，首先应该明确产品维修或再制造过程中，零件拆解程序、拆解方式、拆解深度，以及拆解后零部件再制造或再利用模式。总的来说，在技术可能的情况下，确定拆解对象时应遵循如下要求：

1）对有毒或者轻微毒性的零件或再生过程中会产生严重环境问题的零件应该拆解，以便于单独处理，如焚化或填埋。

2）对于由贵重材料制成的零部件应能够拆解，以实现零部件重用或贵重材料的再生。

3）对于制造成本高、寿命长的零部件，应尽可能易于拆解，以便直接重用或再制造使用。

2. 尽量减少拆解工作量

拆解工作量是用来衡量产品可拆解性能的重要指标。减少拆解工作量可以通过两种途径来实现：一种是在保持产品原有的功能要求和使用条件的前提下，尽可能简化产品结构和外形，减少组成零部件的数量和类型，或者是使产品的结构设计更加利于拆解；另一种是尽量简化拆解工艺，减少拆解时间，降低对维护、拆解回收人员的技能要求。在具体实施的过程中，可以有以下几种准则：

1）尽量使用标准件和通用件，减少拆解工具的数量和种类，增加自动化拆解的比例。

2）通过零部件合并，尽量减少零部件数量。在保证产品使用功能和性能的前提下，进行功能集成；把由多个零件完成的功能集中到一个零件或部件上，从而大幅缩短拆解时间。尤其是对于工程塑料类材料，因为它具有易于制成复杂零件的特点，所以特别适于零件功能集成。

3）尽量减少材料种类，减少拆解工艺，简化拆解方法。例如，一家德国协作公司的包装工程师用"减少材料种类"原则，将包装材料的种类由 20 种减少到 4 种，使废物处理成本下降了50%，取得了明显的经济效益。

4）尽量使用兼容性能好的材料组合，材料之间的兼容性对拆解回收的工作量具有很大的影响。例如，电子线路板是由环氧树脂、玻璃纤维以及多种金属共同构成的，由于金属和塑料之间的相容性较差，为了经济、环保地回收报废的电子线路板，就必须将各种材料分离，难度和工作量都很大，影响了电子线路板的资源利用。若设计时不得不选用不相容的材料，则应将相容材料放在一起，不相容材料之间采用易于分解的连接，这样可简化零件材料的拆解分离工作，从而降低拆解成本。

5）采用模块化结构，以模块的方式实现拆解和重用。模块化设计是实现零部件互换通用、快速更换修理的有效途径。

3. 在结构上尽量简化设计，减小拆解难度

产品零部件之间的连接方式对拆解性能有重要影响。设计过程中要尽量采用简单的连接方式，尽量减少紧固件数量，减少紧固件的类型，在结构设计上应该考虑到拆解过程中的可操作性并为其留有操作空间，使产品具有良好的可达性和简单的拆解路线。常用准则有以下几项[2]：

1）尽量减少连接件的数量。一般来说，连接件越少则意味着拆解工作也越少。

2）尽量减少连接件的类型。减少连接件类型，有助于减少拆解工具的数量，减少拆解工艺的设计，因此可有效地降低拆解难度，缩短拆解时间，提高拆解效率。

3）尽量使用易于拆解或者易于破坏的连接方式。要方便、无损害地将零部件拆解下来，就必须选择恰当的连接方式。目前设计中采用的连接方式很多，可分为不可拆解连接（如铆接、焊接与胶接等）和可拆解连接（如螺纹连接、搭扣连接等）。选用哪种连接应根据具体情况而定。以塑料件为例，黏结工艺通常不适合面向拆解回收的设计，因为在拆解时需要很大的拆解力，而且其表面残余物在零件回收时很难去除。若零件和黏结剂采用同一种材料，则可一起回收，可以用于面向材料拆解回收的设计中。

4）尽量使用简单的拆解路线。简单的拆解运动，有助于实现拆解过程的自动化。因此，应尽可能减少零部件的拆解运动方向，避免采用复杂的拆解路线。

5）设计时应确保产品具有良好的可达性，为拆解、分离等操作留有合适的操作空间。例如，在零件表面应该为拆解操作留有可抓持的空间特征，以便零部件处于自由状态时，可以轻松抓取；应该尽量使需要拆解的地方容易到达，易于操作。

4. 易于拆解

要增强拆解的可操作性和方便性，提高拆解效率。常用的准则有以下几个方面：

1）设计合理的拆解基准。合理的拆解基准不仅有助于方便省时地拆解各种零件，还易于实现拆解自动化。

2）设置合理的排放口位置。有些产品在废弃淘汰或再制造时，往往含有部分废液，如汽车中的汽油或柴油、润滑油，机床中的润滑油等，为了在拆解过程中不致使这些废液遍地横流，造成环境污染和影响操作安全，在拆解前应首先将废液排出。因而，在产品设计时，要设置合理的排放口位置，使这些废液能方便并完全排出。

3）刚性零件准则。在进行产品设计时，尽量采用刚性零件，因为非刚性零件的拆解过程比较难于操作。

4）在进行设计产品时，应优先选用标准化的设备、工具、元器件和零部件，并且尽量减少其品种、规格。

5）封装有毒、有害材料，最好将有毒、有害材料制成的零部件用一个密封的单元体封装起来，便于单独处理。

5. 易于分离

1）避免损坏准则。即在产品设计时，应尽量考虑避免零件表面的二次加工（如油漆、电镀、涂覆等）、零件及材料本身的损坏、回收机器（如切碎机等）的损坏，并为拆解回收材料提供便于识别的标志。

2）一次表面准则。即组成产品的零件，其表面最好是一次加工而成，尽量避免在其表面上再进行诸如电镀、涂覆、油漆等二次加工。因为二次加工后的附加材料往往很难分离，它们残留在零件表面则形成材料回收时的杂质，影响材料的回收质量。

3）设置合理的分类识别标志准则。产品的组成材料种类较多，特别是复杂的机电产品，为了避免将不同材料混在一起，在设计时就必须考虑设置明显的材料识别标志，以便分类回收。常用的识别方法有：模压标志，将识别标志制作在模具上，然后复制到零件表面；条形识别标志，将识别标志用模具或激光方法制作在零件上，这种标志便于自动识别；颜色识别标志，用不同的颜色表明不同材料。

4）减少零件多样性准则。在产品设计时，利用模块化设计原理，尽量采用标准零部件，减少产品零部件种类和结构的多样性，这无论对手工拆解还是对自动拆解都是非常重要的。

5）尽量减少镶嵌物。通常，当零部件中镶嵌了其他种类的材料时，会大大增加产品回收难度，因为要将不同的物质分离开，在理论和实践中都存在一定的难度。

6. 产品结构的可预估性准则

产品在使用过程中，由于存在污染、腐蚀、磨损等，且在一定的时间内需要进行维护，这些因素均会使产品的结构产生不确定性，即产品的最终状态与原始状态之间发生了较大的改变。为了在产品废弃淘汰时，其结构的不确定性减少，设计时应该遵循以下准则：

1）避免将易老化或易腐蚀的材料与需要拆解、回收的零件组合。

2）要拆解的零部件应防止外来污染或腐蚀。

5.3.4　可拆解性设计的内容

通常，设计师往往将注意力只集中在产品的结合方式与结合处本身的设计上，例如采用拉锁式、按钮式安装技术取代传统的焊接、铆钉技术，但结合方式的设计只是可拆解性设计的一部分，而不是可拆解性设计工作的全部。一项完整的为拆解而进行的设计除了满足产品的基本要求以外，还应当根据产品设计的三个部分，即原材料的选择与处理、产品架构设计、结合方式与接合物件处理等，进行全方位的设计。具体内容如下：

1. 原材料的选择与处理

1）使用可再利用的材料。一是材料选择要考虑其可循环再利用性；二是通过回收材料并进行资源再生的新颖设计，使资源再利用的产品得以进入市场，达到废弃物数量最小化，增加产品生命终期的价值。

2）原材料种类尽可能少。通常为了产品外观或性能的需要，会使用多种不同材料以提高性能，但是从再制造的角度出发，在满足功能的条件下，尽量减少材料种类，一种部件尽量只使用单一种类的材料，可以便于进行材料的再制造恢复或进行材料恢复。

3）原材料上应有清楚的标识。对于使用有害物质的零部件应当做特殊标记，同时也要易于去除，这样在拆解时可以快速排除不要的零部件；而对于可回收的原材料除了用三角形的回收标记以外，有时还应该按照规定有更具体的标识。

2. 产品构架设计

1）尽可能采用模块化设计。产品向用户提供许多小的功能块，可以在再制造时按照用户需要进行调整和重新排列组合，便于进行再制造升级或者快速改变再制造产品功能，也便于实现产品的个性化，并可提高拆解效率。

2）尽量减少零部件数量。秉承少量化设计的原则，在确保功能的前提下从复杂产品结构中减去不必要的部分，以求得最精粹的结构形式设计，从而极大地简化拆解的程序。零部件越少，意味着拆解越简单、越省时，从而降低拆解的成本。

3）产品整体构架清晰，是否可再制造利用零件区分明确。一般来说，产品结构以垂直方向为佳，因为这样最便于回收作业的顺利进行。同时，注意将不可回收再利用的零部件放置在同一区域，以便拆解时能够快速移除，提高拆解的速度；将回收利用价值较高的零部件设计在拆解工具易于接近的位置，这样才能有利于拆解工作的进行。

3. 结合方式与接合物件处理

1）结合方式易于拆解，避免永久性结合。如果一个产品由至少两个或以上的组件所组成，就必然会有一定的结合方式。由于产品有许多种不同的结合及组装方式，每一种结合都有相对应的拆解方式，在产品设计时就要考虑结合方式易于拆解。再制造拆解的目的是再利用零部件，因此，要避免在零部件间采用一些永久性结合（如焊接、铰接）或使用永久性黏结材料（如胶水），否则采用的破坏性拆解必然带来再制造利用率低的问题。因此，必须避免这一类结合方式，以缩短拆解时间，保证拆解下来的零部件的完整性。

2）考虑结合处的拆解工具。对于拆解结合处的必要拆解工具，必须事先加以考虑。尽量降低对拆解的工具要求，按照徒手、简单工具、组合工具、特殊设计专用工具的顺序选择拆解工具，徒手拆解属于最理想的拆解方案，即使无法做到徒手拆解也应尽量避免使用特殊工具。要尽可能多地使用传统的拆解工具，如十字槽螺钉旋具、钳子、扳手等。如果必须使用特殊的拆解工具，则要考虑拆解工具的可方便操作性。

3）采用最少的接合件。有时产品不同部件之间的连接需要一定的接合件，例如搭扣、铆钉等。为了减少拆解接合件的时间，接合件的数目越少越好。同时，接合件的设计应该保证拆解工具能够触碰到接合件的各个面，至少也要能接触到主要的拆解面，以利于拆解工作的进行。

一个合乎可拆解性原则的产品设计，在原材料、结合方式及其周边必须考虑的因素是相当复杂的。可拆解性设计技术的加强及各种结合方式的逆向技术研究，对产品的再制造利用具有重大影响。

5.3.5 可拆解性设计实例

发动机作为机械产品的心脏，属于贵重零部件，因此其可拆解性设计已得到较好的应用。例如，缸体、曲轴、连杆、凸轮轴、齿轮等零部件在材料选择、结构设计、强度设计、装配设计等方面均很好地执行了可拆解性设计原则。与其他零部件相比，发动机的拆解和再制造的工程实践与产业化应用也是国外发达国家废旧机电产品资源化中最活跃的领域。

通过对某型产品四缸发动机进行完全深度拆解，共拆解出 534 个单一零件。经清洗和鉴定后将所有零件分为三类：①性能与尺寸完好可直接再利用的，包括进气管、排气管、油底壳和飞轮壳等铸铁及铝制零件；②经再制造加工后可以继续使用的，包括曲轴、连杆轴、凸轮轴、缸体和缸盖等金属零件，如图 5-1 所示；③无法再制造或可再制造而经济性不好需列入再循环处理的零件（易损件），包括活塞环、轴瓦和密封垫等零件，如图 5-2 所示。

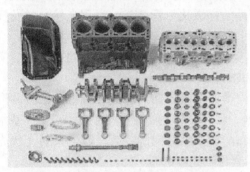

图 5-1　某四缸发动机拆解后的可再制造件

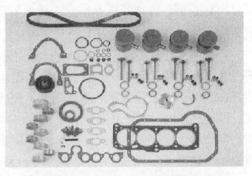

图 5-2　某四缸发动机拆解后的易损件

发动机完全拆解后得出结论：除了发动机缸体外等部位的固定采用了螺杆式连接，发动机内部绝大部分的连接均采用了容易拆解的非螺杆连接件，仅有 8 个连接件是靠模压或者铆接法进行连接的，需要进行破坏性拆解，类似将活塞推出缸套、轴瓦分离轴颈、曲轴分离轴承座圈等零部件均可实现无损快速拆解。图 5-3 所示为发动机中 534 个零件的拆解所需时间的百分比[5]。对拆解后的零件进行费效统计分析，可再利用和再制造的零件比例占整机零件质量的 94%、价值的 90%、数量的 85%。这表明，可拆解性设计直接

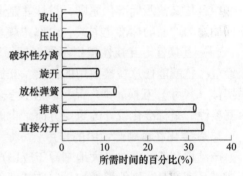

图 5-3　发动机中 534 个零件的拆解
　　　　所需时间的百分比

决定产品的拆解效率和旧件再利用率，并会进一步影响其再制造的经济可行性与技术可行性。

5.4　面向再制造的产品标准化设计

5.4.1　标准化概述

1. 基本概念

（1）标准与标准化　在 GB/T 20000.1—2014《标准化工作指南　第 1 部分：标准化和相关活动的通用术语》中将"标准"定义为：通过标准化活动，按照规定的程序经协商一致制定，为各种活动或其结果提供规则、指南或特性，供其同使用和重复使用的文件。标准宜以科学、技术和经验的综合成果为基础，以促进最佳的共同效益为目的。

GB/T 20000.1—2014 中将"标准化"定义为：为了在既定范围内获得最佳秩序，促进共同效益，对现实问题或潜在问题确立共同使用和重复使用的条款以及编制、发布和应用文件的活动。

标准化是围绕标准所进行的一系列活动，包括标准的制定、实施、监督、修改等，是一个不断循环、螺旋式上升的运动过程，每完成一次循环，标准将得到进一步的完善，也将及时地反映当今技术发展水平。标准化的主要形式有系列化、通用化、组合化。

（2）标准化设计　标准化设计是指为达到产品的标准化目标要求，运用自然科学及标准化的有关知识寻求产品有关技术问题及标准化问题解的过程[6]。

标准化设计方法和技术是指在产品研制过程中运用的、有利于产品达到标准化要求、实现三化（系列化、通用化和组合化）的设计方法和技术。

（3）系列化、通用化和组合化　系列化是对同类的一组产品同时进行标准化的一种形式，即通过对同一类产品的分析研究与预测、比较，将产品的主要参数、形式、尺寸、基本结构等做出合理的安排与规划，以协调同类产品和配套产品之间的关系。数值系列（优先数系、模数制等）、零部件（紧固件等）系列是系列化广泛应用的示例。

通用化是指同一类型不同规格，或不同类型的产品中结构相近的产品（零部件、元器件、单板等），经过统一以后可以彼此互换的标准化形式。

组合化是按照标准化原则，设计并制造出若干组通用性较强的单元，可根据需要拼合成不同用途的产品的标准化形式，也称"模块（件）"。

（4）互换性　互换性是指不同时间、不同地点制造出来的产品，在装配、再制造时不必经过修整就能任意替换使用的性质。互换性有两层含义：一是指产品的功能可以互换；二是实体（尺寸）互换，即产品可以互换安装。只具有功能互换的特性也称替换性。产品具有互换性，是标准化设计的重要方面，也能提高再制造时生产率。

2. 标准化在再制造性中的作用

产品再制造的效益极大地来源于废旧产品中零部件的重用。若产品进行了标准化设计，形成了系列产品，则能够增加再制造零部件在不同产品中的通用性，提升其再制造利用率。同时，对于再制造过程中需要更换的易损件，若能方便获得，则可以降低生产难度，缩短生产周期和减少生产费用。因此，面向再制造进行产品的标准化设计，可以显著提升再制造效率和效益。

设计决定了产品本身及其在制造和使用中的经济性，同样，它也决定了产品的标准化程度。因此，采用有利于标准化的合理设计方法是产品标准化工作的保证条件，也是提升再制造性的有效手段。

简化、统一是产品标准化的特征。产品的标准化不仅对设计与生产有极大的好处，而且对于再制造的简便性、迅速性、经济性有着全面的影响，对再制造性是非常有利的。标准化的零部件、元器件，"拿来就可装上，装上就可使用"，使再制造活动大大简化，可减少再制造时间，并降低对再制造人员的技能要求。同时，产品系列化、通用化、组合化及其基础——互换性，可减少产品中零部组件的品种、规格数，降低对再制造保障资源的要求。

另外，因为新产品的固有性能是在设计研制阶段决定和形成的，标准是保证使用要求，做到技术先进、安全可靠的基本依据，所以在研制阶段贯彻标准，对保证和提高产品性能、可靠性、维修性、再制造性以及产品质量具有决定性意义。

3. 标准制定的原则

（1）简化性原则　简化是标准制定最一般的原理，但简化不是简单的"做减法"，随意地抛弃，是指在一定范围内缩减标准化对象（事物）的类型和数目，使之在一定时期和一定领域内满足相应需要的一种标准化制定方法。通过标准制定把多余的、可替换的、低功能的标准简化掉，精炼并确定出满足全面需要所必要的高效能的标准，保持标准整体构成精简合理，功能效率最高。

（2）统一性原则　标准制定的统一性原则是指在一定时期内、一定条件下和一定范围内对需要统一的两种或多种同类现象、同类事物和同类要求进行归一的标准化方法。统一和简化既有联系，又有区别。统一与简化一样，都是标准制定的最一般原理，都是以相似性为基础。两者的区别在于：统一着眼于归一，从个性中提炼共性，形成一种共同遵守的准则，建立一种正常秩序；简化则肯定某些个性可以同时存在，着眼于减少不必要的多样性以取得最佳效益。

（3）目的性原则　标准的制定具有鲜明的目的性，制定标准必须有的放矢，不能为制定标准而制定标准，搞形式主义。制定标准，必须从实际需要出发，以获得最大效益为目的。制定标准的目的通常包括：建立合理秩序；简化和控制产品规格，控制不必要的差异，便于保障；保证互换性、兼容性、互操作性和通用性；节约资源等。这些目的是互相依存和制约的，在制定标准时，要根据具体需要和实际情况对标准制定的目的进行严格审查。

（4）系统性原则　标准也是一种系统，称为标准系统。无论是对某一个具体标准而言，还是对互相联系、互相依赖、互相制约、互相作用的若干个标准所组成的一个有机的整体而言，都具有系统的属性。同一系统内的标准，无论是在质的规定，还是在量的规定上都是互相联系、互相衔接、互相补充、互相制约的。因此，在制定标准时，要从系统的观点出发，从系统的整体性和环境适应性出发进行优化。

（5）动态性原则　标准制定的动态原则是由标准化的依存性决定的。由于需求的不断变化和科学技术发展，作为标准化依存主体的产品处于不断的发展之中，这就要求对标准进行动态维护，包括适时优化调整标准体系结构，制定新标准，复审、修订已有标准。

5.4.2　产品标准化通用设计方法

标准化设计方法与技术主要有功能结构分析方法、系列产品设计方法、组合产品设计方法、信息存储与管理技术、CAD 技术等。这些方法与技术融于产品设计过程中，是设计人员应该掌握的必备方法与技术。同时，标准化人员只有掌握这些相关方法与技术，才能深入做好产品标准化工作。

1. 功能结构分析方法

标准化设计的最重要目标是使产品的研制能充分利用已有的组件、部件和零件，这可通过功能结构分析方法来达到。在产品方案设计时，将产品总功能逐级分解为比较简单的分功能，尽量利用已有的组件、部件和零件实现分功能，并最终得到产品完整组合方案的方法称为功能结构分析方法，这些已有的组件、部件和零件称为分功能载体。

一个产品必须满足的任务要求构成了它的总功能，随着任务要求的复杂程度不同，产品总功能的复杂程度也不同，但复杂的总功能关系可逐级分解为复杂程度比较低的、任务清楚的分功能，这些分功能结合起来，就得到了产品的功能结构。对于功能结构中的新分功能，需要寻找实现它们的作用原理，并将作用原理组合成实现分功能的作用结构。对于出现过的分功能，只需在已知的产品结构中找到其载体。在考虑了作用原理和结构后，可对功能结构进行调整，调整后的各分功能应与任务要求相容，满足研制任务的必须达到的要求，从效用、几何尺寸、安装布置等方面可清楚看出有实现的可能。

功能结构分析方法可使设计人员很好地划分产品的已知部分和新开发部分的界限，并对它们分别进行处理。对于产品中的已知部分，可采用已有的、技术成熟的组部件来实现，功能只需分解到相应级别。而对于产品中的新开发部分，需要用复杂程度逐步降低的分功能加以构造，直到可求解为止。分解功能后可知，对哪些分功能需寻找新的作用原理，对哪些则可以利用已经知道的解。产品的已知解可在各级标准、专业设计手册、产品目录中查找。

这种分析方法应运用于产品方案设计阶段，这是由于方案设计阶段是决定产品方案和大部分结构组成的阶段，在这个阶段做好功能结构分析工作将为整个产品运用已有技术，提高通用化、系列化、组合化水平打下基础。否则，方案一经确定便不易更改，标准化工作只能在局部进行。

2. 系列产品设计方法

系列产品设计有两种方式：一种是直接在已规划好的系列产品中选取；另一种是从已有的产品出发，设计能满足现有使用要求的新产品。由于已规划好的产品系列不是很多，因此在实践中大量的是后一种情况，即从一种产品结构参数规格出发，按照一定规律推导出所需产品的结构参数规格。虽然这样设计不是立即使产品系列化，但可将已有产品和新设计产品看作是系列中的某两个规格，经过一段时间的发展，产品逐渐形成系列。设计系列产品的主要优点是：简化设计，减少设计工作量；使用相同材料和工艺[7]。

系列产品设计主要运用相似定律，同时还可运用十进制几何标准数确定系列参数。但是，单纯用几何相似放大产品很少能得到满意的结果，必须满足其他有关的相似定律的检验。当产品不同规格方案中，至少有一个物理量之比为常量时，便可认为具有相似性。几何相似就是不同规格方案中的任何相应长度之比为常量；当长度比和时间比同时为常量时称为运动相似；当长度比和力比同时为常量时则为静力相似；如果在几何相似和时间相似的同时，各力之比亦为常量，就是动力相似。在机械产品设计中，为保持使用相同材料，在调整参数以满足功能要求时，必须保持应力相等。只有在分级范围内参数大小对材料特性极限值的影响可以忽略不计时，材料的充分利用和安全性才是相同的。

十进制几何数系适合产品系列各规格间的分级。十进制几何数系是通过一个常系数倍增而成的，并总是在一个十进制区间内展开，这个常系数就是数系的级比。在设计中应有意识地按十进制几何数系选择基本参数，这样可获得较好的系列。这是由于十进制几何数系有以下优点：

1）由于分级较粗的数系与分级较细的数系具有相同的数值，因此产品系列各段可用不同的分级，以使参数分级与需求重点相吻合，适应市场对各种规格需求的密集度分布。

2）由于采用基于标准数系的规格，从而减少了尺寸不同的方案的数量，节省了工艺、工装费用。

3）由于数系各项的积和商仍然是一个数系的项，这使得以乘、除为主要手段的参数选择与计算变得容易。

4）如果一个产品是数系的项，在做线性放大或缩小时，如果放大或缩小的倍数同样取自数系，则所得结果也在数系中。

3. 组合化产品设计方法

组合化产品是指通过组合具有不同解的结构块来实现不同使用要求的产品。组合产品系统可以将相同的结构块用于多个产品，因此，它可在满足各种不同使用要求的基础上提高相同零件的生产批量。只有当原来单个设计或系列设计的产品随着时间的推移，要求有很多功能变体，以至于采用组合产品系统更为经济时，才会开发组合产品，因此，往往是已投放市场一段时间的产品会改而设计成组合产品系统。

组合产品系统由结构块构成，结构块分为功能结构块和制造结构块。可根据组合系统中反复出现的功能种类对功能结构块进行分类。基本功能是一个组合系统中基本的、反复出现和不可缺少的功能，基本功能可单独出现或与其他功能连接以实现总功能，基本功能一般是通过一个基本结构块所起作用产生的，这类结构块在组合产品系统的组合结构中属于必需结构块。辅助功能用于连接和连通，它通过辅助结构块来实现，这些辅助结构块通常为连接元件和接头。辅助结构块必须按基本结构块和其他结构块的参数规格开发，在组合结构中属于必需结构块。特殊功能是特殊的、补充的和任务书特别要求的分功能，它不一定必须在各种总功能变型中反复出现。特殊功能由特殊结构块来实现，特殊结构块表现为对基本结构块的一种特殊补充或作为一个附件，因而是可能结构块。适应功能是为了适应其他系统和边界条件所必需的，它通过适应结构块起作用。适应结构块只是部分上是确定的，在个别情况下，由于不可预见的边界条件，其尺寸必须加以调整。尽管十分仔细地开发一个组合产品系统，总是还会在组合系统中出现难以预见的为任务书特别要求的功能，这些功能通过非结构块来实现。非结构块必须为某个具体任务单独开发。这样，产品就成了由结构块和非结构块联合而成的混合系统。

在组合产品系统中，总功能是由周密考虑的功能结构块组合而成的，因此为开发组合件，就必须制订一个相应的功能结构。进行功能结构分析、建立功能结构在组合产品开发中有着特殊的意义，有了功能结构，即将所需的总功能划分为分功能，就已相当大程度地确定了系统的组合结构，但在分析过程中需要注意以下几点：

1）组合产品系统有几个总功能，因此，需分析该组合产品系统需要满足的基本功能和各个功能变体。应对各个功能变体在技术上和经济上进行优化，并删除那些不大使用且成本较高的功能变体。

2）分解的分功能应尽量少并反复出现，各总功能的功能结构之间必须在逻辑上和物理上相互协调，以保证分功能在组合产品系统内能够交换和组合。建立功能结构时应注意：用尽可能少和容易实现的基本功能组合来实现所要求的总功能；对需求数量大的功能变体主要由基本功能组成，需求量少的变体划作特殊功能和适应功能，需求极少的功能变体不划入组合结构；可将若干分功能集中到一个结构块上。

3）找到的分功能载体允许在基本相同的结构设计的情况下产生各种变体。

4）结构块应功能合理，并便于制造。应按以下原则确定机构块的分解程度：结构块应满足要求和质量指标；总功能变体应通过结构块的简单装配产生，结构块只分解到功能所要求的、质量所要求的和成本所允许的程度。

5.4.3 面向再制造性设计的标准化工作

1. 基本目标

面向再制造性设计的标准化工作，其基本目标如下：

1）提高产品寿命末端时再制造便利性。

2）减少再制造人员，降低其技术水平要求。

3）提高再制造产品质量的稳定性。

4）减少再制造备件品种和数量。

5）减少再制造技术文件的需求。

2. 实现标准化应遵循的原则

在面向再制造性的实现产品标准化中，必须仔细考虑和遵循以下原则：

1）最大限度地采用标准零部件、元器件。

2）将所需的零部件、元器件的品种、规格数减到最低限度。只要可能，应始终选用同样的产品或与现有的使用和设计惯例相适应。

3）通过简化产品，将供应、储存问题（如备品积压或短缺）减少到最低限度。

4）简化零部件、元器件的编号、编码，以简化再制造与管理工作。

5）最大限度地采用现成的或不做大的改动即符合要求的通用元器件、零部件、工具和设备。

3. 实现互换性应遵循的原则

为使产品零部件在再制造时具有良好的互换性，应遵循下列原则：

1）具有以下特性的零部件、元器件或单元体应能互换：预定有相同功能、参数的；标志相同的；虽用于不同部位，但功能相同的（这对于高故障率的零部件、元器件或单元体尤为重要，因为它们常常需要更换）。

2）整个产品中，尤其是产品内各单元之间的零件、紧固件与连接件、管线、缆线等应标准化。

3）应该避免功能可互换的单元在形状、尺寸、安装和其他形体特征方面的差异。若不能完全互换时，应提供连接（适配）器使具有功能互换的单元能实体互换。

4）不论何时，不要求功能互换的单元就不能实体互换；能实体互换的单元应能功能互换，以免安装差错引起使用中的故障或危险。

5）产品的修改不应改变其安装和连接方式以及有关部位的尺寸，使新旧产品可以互换安装。

4. 面向再制造性的设计应用

标准化、互换性涉及产品的型号、使用特性和物理特性。为提高产品再制造性，便于再制造，在以下情况应采用标准的零部件、元器件、电路、方法和习惯做法。

1）构造和装配图。

2）紧固件、密封件、接插件、管线的选择和应用。

3）机箱、机盖的选择和安装。

4）零部件、元器件的标志。

5）材料的牌号和规格的选用。

6）各种常用工具、附件的选用。

7）导线的标识和编码。

8）标签和标记。

9）在多种产品中具有同一用途的产品选用。

10）电路输入、输出电压、电流的大小。

11）稳压器和供电电压值。

12）对称式的单元设计。

13）设计和使用文件。

5.5　面向再制造的模块化设计

5.5.1　基本内涵和特点

1. 模块与模块化

模块指作为一个单元设计而成的具有相对独立功能的零（元）件、分组件、组件或部件。模块是模块化产品的基本元素，是一种实体的概念，如把模块定义为一组同时具有相同功能和相同结合要素，具有不同性能或用途甚至不同结构特征，但能互换的单元。

模块化就是为了取得最佳效益，从系统观点出发，研究产品的构成形式，用分解和组合的方法建立模块体系，并运用模块组合成产品（或系统）的全过程[8]。

2. 模块化设计

产品的模块化设计是在产品设计时，根据原材料属性、产品的结构，以及日后的使用功能、升级、维修、再制造、废弃后的回收、拆解等因素，在对一定范围内的不同功能或相同功能不同性能、不同规格的产品进行功能结构分析的基础上，划分并设计出一系列模块，通过模块的选择和组合可以构成不同的产品，以满足市场不同需求的设计方法。产品的模块化设计可以实现把离散的零件聚合成模块产品的模块化设计，既可以在产品生产时大批量生产模块化的半成品，降低生产成本，获得规模效应；又可以根据用户的个性化需要，将不同功能的模块进行组合，提高了产品对市场差异化需求的响应能力。

3. 面向再制造的模块化设计

面向再制造的模块化设计方法是将模块化设计和再制造设计进行有机结合后，运用于产品的再制造性设计阶段中，使产品同时满足易于拆解和装配、易于修复和升级、环境友好性等再制造性的指标，着重要求在模块化设计时，考虑产品的再制造性，让产品在寿命末端回收之后，能容易地拆解为不同的模块，并能够快速用新模块进行替换，实现性能升级和资源的回收利用[9]。这种设计方法是一种顺应时代发展的崭新的设计方法，有助于实现制造业的可持续发展。

4. 面向再制造的模块化设计作用

1）模块化是提高产品再制造性的有效途径。模块化使产品构造简化，能迅速、准确地进行故障检测、隔离和修复。特别是在现场运行时可实现广泛的换件修理。

2）模块化设计可简化新产品的设计工作。通过利用现成的标准模块，缩短设计时间。

3）模块化产品便于组织生产、装配和供应，节约采购与保障费用。

4）模块化有利于产品的改进。一旦有了更新、更好的模块可供采用，只要不影响输入-输出特性，便可对模块化的现有产品加以改进。

5.5.2 面向再制造的产品模块化设计优点

面向再制造的产品设计需要同时解决这样一些难题：使产品在设计之初，就需要采用发展的观点，全面考虑该产品在其多生命周期内的技术性能发展的属性，并在零部件的重复使用性的基础上，无论是所选用材料还是产品的结构，连接方法设计都能方便其日后的维修、升级，以及产品废弃后的拆解、回收和处理，同时保证与环境有更好的协调性，实现最佳化的再制造方式。显然，原有的传统设计方法不能满足这些要求。面向再制造的模块化设计是提高产品再制造性的有效技术方法，它具有以下优点：

1. 有效提高产品的易拆解性和装配性

再制造加工过程包括前期对回收产品的拆解环节和后期将再制造后的零部件装配为再制造成品的环节，因此，面向再制造的产品设计一定要考虑零部件的易拆解性和装配性，这既影响再制造过程的效率，又影响再制造产品的质量。

再制造的拆解不同于再循环，需要确保拆解过程中尽可能少地损坏零部件。因此，产品结构设计，连接件的数量和类型，以及拆解深度的选择成为面向再制造的产品设计的重点内容。不同的产品结构将导致不同的拆解方法和拆解难度，常见的拆解方法有两种：有损拆解和无损拆解。常见的有损拆解是机械裂解或粉碎。机械产品中常见的连接方式有四种：可拆解连接、活动连接、半永久性连接和永久性连接。前两种连接一般都可以拆解，第四种则只能采用有损拆解的方法。

产品结构设计时应改变传统的连接方式，零部件之间尽量不采用焊接或粘接的连接方式，代之以易于拆解的连接方式。扣压和螺钉的方式便于拆解，前者较后者又更容易拆解、更省时。连接件方面，卡式接头和插入式接头更容易拆解和装配，已经有越来越多的企业在产品设计时就采取了这些类型的连接方式。尤其是一些易损零件，由于更换次数较多，在设计其安装结构时就考虑其易拆解性，较多采用插入式结构设计、标准化插口设计等。如计算机主板上的插槽与上面插装线路板的连接方式。

采用模块化设计既能明显简化产品结构，又能大量减少连接件的数量和类型，可大大提高产品的易拆解性和装配性，并减少产品的破损率，提高产品的拆解和装配效率。

2. 有助于提升产品的易分类性

同一部机器上往往有钢、铁、铝、铜、塑料、木材等不同的材料，它们的表面常常有油漆覆盖，不易区分，因此应加强标识，以便于拆解和分类存放。同一材质、不同形状和尺寸的零部件，由于加工方式或使用机床的不同，也要进行标识和分类，以提高总的再制造效率。

采用模块化设计有助于大量减少零部件的数量和种类，使拆解后的零部件更易于分类和识别，将使再制造生产加工时间大为缩短。

3. 显著提升产品的易修复性和升级性

再制造工程包括再制造加工和过时产品的性能升级。前者主要针对报废的产品，把有剩余寿命的废旧零部件作为再制造毛坯，采用表面工程等先进技术使其性能恢复，甚至超过新品。后者对过时的产品通过技术改造改善产品的技术性能，使原产品能跟上时代的要求。因此，对原制造品进行修复和技术升级是再制造过程中的一个重要部分。

实施模块化设计，可以采用易于替换的标准化零部件和可以改造的产品结构并预留模块接口，以备升级之需，在必要时即可通过模块替换或增加模块实现产品修复或升级，减少拆解中的破损，增强再制造加工和产品升级改造的效率。

5.5.3　面向再制造的模块化设计原则

根据再制造的特点，产品模块的划分应该遵循以下原则：

1）技术集成原则。采用易于替换的标准化零部件和可以改造的结构并预留模块接口，增加了再制造的便利性，从而通过模块替换或者增加模块升级再制造产品。

2）寿命集成原则。对于由多种零部件组成的产品来讲，各个零部件的寿命都不可能相同。当产品整体报废以后，有些零部件已经到达其服役寿命，只能进行材料回收或废弃。但仍有相当多的零件还有足够的寿命来继续工作，甚至比整个产品的寿命周期长数倍。倘若不同寿命的零部件不加分类地被混合装配在一起，在产品再制造中就必须对其进行深度拆解，这将大大降低再制造的效率。而采用寿命集成模块化的产品，在再制造时只需对产品进行简单的拆解，就可以把不能继续使用的零件拆除并替换。

3）材料集成原则。材料相容性原则可减少有害材料使用，减少使用材料的种类等设计原则在面向再制造的设计中占有重要地位。例如，将具有相同特性的材料集中设计，在再制造过程中，这类材料可以被一起清洗和进行化学或物理处理，而不会发生相互腐蚀等情况。

4）诊断和检测集成原则。在产品服役周期内，有一些零部件在整个寿命周期中失效的可能性都很小，因此并非需要对每一个废旧零件进行诊断和检测。可根据产品零件在产品报废以后是否需要检测，将其分别集成在不同的模块，从而可以大大减少拆解的工作量，提高产品的检测效率和效果。

5.5.4　面向再制造的模块化设计方法

1. 模块化设计条件及准则

（1）采用模块设计的一般条件　产品设计中在何处采用模块化设计，何处采用非模块化设计，一般应考虑可行性、费用、后勤保障等几个问题分别处理。如下情况可采用模块化设计：

1）过去研制的标准模块的可靠性及输入-输出特性均符合新产品要求，并且可简化目前的设计工作，则应考虑优先采用模块化设计。

2）若用更新、更好的功能单元替换老式组件能改进现有设备，则应考虑模块化设计。

3）若模块化设计利于采用自动化的制造方法，则应优先采用。

4）若模块可直接从市场购置，则应优先采用。

5）若模块化能更有效地简化各再制造级别的再制造任务，则应考虑实现模块化。

6）若模块化后有利于故障的识别、隔离和排队，则应考虑模块化。

7）若模块化设计可以降低对再制造人员的数量和技能的要求、减少培训工作量，则应考虑模块化。

8）若模块化设计便于故障自动诊断，则应予以模块化。

（2）模块化的一般设计准则　模块化设计应遵循以下准则：

1）应尽量使产品中的模块可用产品自身或携带的检测装置来进行故障隔离。

2）每个模块本身应具有尽可能高的故障自检和隔离能力。

3）模块的分解、更换、结合、连接等活动应不需使用专用工具。

4）模块本身的调校工作应尽可能少。

5）一般应对模块进行封装设计，以提高其环境适应能力。

（3）弃件式模块化设计准则　弃件式模块化设计应遵循以下准则：

1）不能因价格低廉的零（元）件故障而使模块中价格昂贵的零（元）件报废。

2）不能因可靠性差的零（元）件故障而使模块中可靠性高的零（元）件报废。

3）费用低、非关键件且容易得到的产品应首先考虑设计成弃件式模块。

4）弃件式模块一般应封装，以便在储存、运输中起保护作用，但应保持与性能及可靠性要求一致。

5）弃件式模块的报废标准应明确并易于鉴别。

6）弃件式模块应有明显的标记指明其是弃件式的，并在有关资料中有相应说明。

7）有关报废的细则应在使用手册、再制造手册、产品目录等有关资料中说明。

8）弃件式模块中的贵重零件应设计得利于回收。

9）对那些可能受污染的零件应规定相应的保护措施。

10）对带有密级的模块应加以标明，以便提供适当的处理方法。

2. 模块化的功能分组方法

模块化设计首先是将产品划分为单元，组成一个个模块。利用功能关系来划分有利于故障隔离和再制造保障，故在设计中按配套功能单元来安排和组装各元器件、零部件。这就是功能分组。常用的功能分组方法有逻辑流分组法、回路分组法、元件分组化、产品结构分组法及同寿命分组法。

（1）逻辑流分组法　逻辑流分组法是把全系统的单元按照它们与整个系统的功能关系进行分组，以便与各组件或分组件输入相匹配的方法。此方法在产品设计中普遍采用。逻辑流分组法应遵循的准则为：按照由功能流程图所确定单元的功能关系来定位和组装各单元；选择适当的方法和分组件，以便只需单一的输入检测和单一的输出检测便能隔离产品内的一个故障。

（2）回路分组法　回路分组法就是按特定功能对回路进行分组的方法。回路可以是电回路、动力回路等，如电视接收机、录像机的音频和视频回路。分组时应遵循的准则为：把一个给定回路的所有零件或逻辑上有关的一组零件，全部安装在一个壳体中；把一组回路中的每一个回路设计成一个独立的模块。

（3）元件分组法　元件分组法就是将具有类似功能或共同特性的元器件划分为一组的方法。分组时所应遵循的准则为：将执行类似功能的产品放在一起，如把放大电路放在一起；尽量将电子元器件集中放置；把低价格的元器件集中安装成一个模块，以便发生故障后报废；将那些控制或监控某一功能的仪表和仪器安装在一个仪表板上，以便操作人员监控；根据所要求进行的再制造工作来分隔元器件。

（4）产品结构分组法　产品结构没有预先制订的规则，是通过权衡多种因素（如热损失、元件尺寸、成品尺寸、质量大小以及外观要求等），最终实现某种兼顾情况而得到的产品，例如用标准机芯制成的收音机可有头戴式的、手提式的、钟表式的等多种产品。置于这种结构中的产品（如机芯）自然构成了一个组。

（5）同寿命分组法　同寿命分组法就是把那些寿命相近的零部件、元器件划分成组。这种方法特别适用于产品故障模式为耗损型、疲劳型的产品。

3. 模块化设计的具体要求

1）在现场再制造的产品应尽量全部实现模块化，以提高系统可用度。

2）在满足安装空间要求的情况下，只要在电气上和机械上可行，应尽可能将设备分成模块。

3）为达到较好的费效要求，应在模块的原材料、设计、使用、维修与再制造等方面综合考虑。

4）将设备按实体划分为模块，并与功能设计一致，从而使各模块之间相互影响最小。

5）尽量减少相邻模块间的连接。

6）使模块和组合件在基本尺寸、形状上大致相同，以达到最佳的组装效果。

7）所有可修复模块应设计成单板再制造部件，以便再制造人员可迅速地拆解、更换有故障的元（零）件。

8）不应要求模块内的元件同时适合于多种功能需要，以免造成难以权衡各方面要求。

9）当一个主要组件由两个以上模块构成时，应将主要组件设计成拆解一个模块时不必拆解其他模块。

10）使模块及其插座标准化，但应有严格的防差错措施。

11）对插入式模块应设计有导销以防止安装差错。

12）应采用快速解脱装置以便于模块的拆解。

13）只要结构上可行，就应把所有设备设计成由一名再制造人员就能对故障件快速而简便地拆解和更换。

14）应根据安装部位来设计一个模块的质量和尺寸，并尽量使所有模块小而轻，一个人就可搬动。一般要求可拆解单元的质量应小于 16kg，当质量超过 4kg 时应设有把手。

15）应使每个模块能被单独测试；若需调整，应可独立于其他模块来进行。

5.5.5　面向再制造的模块化设计过程

在进行产品的再制造性设计时要包含产品材料的合理性、易运输装卸性、易拆解性和装配性、易分类性、易清洗性、易修复性和易升级性。面向再制造的模块化设计方法将绿色设计和模块化设计进行了有机结合，其具体实现步骤归纳如下[10]：

1. 进行用户需求分析

面向再制造的模块化设计活动的第一步是分析用户对产品的需求。在调查了解用户对产品可能存在的升级后的功能、使用寿命、价格、需求量、升级性能等具体要求后，考虑该产品采用模块化设计的可行性。若经过分析，在满足环境属性的前提下用户对该产品的要求均可满足，则该产品的模块化设计的可行性获得通过，面向再制造的模块化设计活动可以进入下一环节。

2. 选取合理的产品参数定义范围

面向再制造的模块化设计活动的第二步是选取合理的产品参数定义范围。通常，产品参数分为三类，即动力参数、运动参数和尺寸参数。合理地选取产品的参数定义范围十分重要。如果参数定义范围过高，将造成能源和资源等的浪费，有悖于绿色设计的思想；如果参数定义范围过低，又满足不了客户的要求。通常的做法是先定义主参数，然后在参数满足用户需求的基础上实现尽可能高的绿色化和模块化，易于进行再制造。

3. 确定合理的产品系列型谱

面向再制造的模块化设计活动的第三步是系列型谱的制订，即合理确定模块化设计的产品种类和规格型号，进行必要的技术发展预测。型谱过大过小都不好，若型谱过大，则产品规格众多，市场适应能力强，环境属性好，模块通用程度高，但工作量也相应增大，人力资源能耗大，成本上升，总体来说效果并不好；反之，则又会走向另一个极端，效果也不好。因此，产品系列型谱的制订至关重要。

4. 产品的模块划分与选择

面向再制造的模块化设计的第四步是进行模块的划分与选择。这是再制造模块化设计的关键，是模块化方法最重要的内容，通常根据产品的功能，将其分为基本功能、次要功能、特殊功能和适应功能等，然后划分相应的模块。模块的划分使得产品的设计过程思路清晰，并有利于产品报废退役后的零部件回收、重新利用或升级换代。

5. 绿色模块的组合

面向再制造的模块化设计活动的第五步是模块的组合。划分完模块后，将这些模块按照直接组合、集装式组合或改装后组合等方法组合成系统。组合时要考虑今后的易拆解性、不易损坏性及产品的节能省时等环境友好性特征。

6. 对设计好的产品进行分析校验

面向再制造的模块化设计活动的第六步是用机械零件设计软件包、优化设计软件包、有限元软件包等现代设计工具对设计好的产品进行分析、计算和校验。如果分析校验不合要求，就要回到模块选择上进行修改、完善，重新整合模块，直至产品符合要求。

7. 产品设计的绿色度与模块度指标评价

面向再制造的模块化设计活动的最后步骤是采用层次分析法（AHP）及模糊综合评价法等数学工具对产品再制造设计的绿色度和模块度指标进行计算及评价，再根据计算结果对产品的有关参数加以调整或进行重新设计。

5.6　面向再制造的产品梯度寿命设计

5.6.1　概念内涵及背景

1. 基本概念

废旧产品再制造是实现可持续发展与节能减排的重要手段，以满足一次寿命周期为目标的产品零部件寿命设计方式，造成了产品寿命末端时零部件寿命随机分布的不确定性，以及以实现产品多寿命周期使用为目的的再制造工艺的复杂性。如果在产品设计阶段，能够面向其寿命末端的再制造需求，实行产品零部件合理的梯度寿命设计，即实现不同零部件之间以产品单次使命寿命为梯级的不同倍数的寿命设计，可以直接赋予需再制造使用的核心零部件具备可定量确定的多寿命周期，约简再制造生产中的剩余寿命评估等工艺过程，优化形成简洁明确、产品质量可靠的再制造生产规划。

面向再制造的产品梯度寿命设计方法是指运用当代最先进的设计技术和寿命分析预测方法，在产品的设计阶段，对影响产品寿命周期中正常服役条件下的各种影响因素进行系统分析，并通过对产品零部件采用寿命可靠性分析、静载失效分析、疲劳寿命分析、有限元分析、磨损/腐蚀寿命分析、环境寿命分析等综合手段与方法，建立零件不同梯度寿命设计准则及梯度化分布型谱，形成面向再制造的产品梯度寿命设计预测方法，从而满足再制造生产效益要求。产品梯度寿命设计属于产品绿色设计和可持续设计，是一种可支持基于再制造的产品多寿命循环发展的新型产品寿命设计方法。

面向再制造的产品梯度寿命设计的基本思路是以产品服役条件及服役寿命为前提，采用寿命梯度基准来量化确定产品零部件的使用寿命，使低价值的、再制造中需要更换的零件寿命等于产品的单级使用寿命，而高价值的、需要重新利用的零部件寿命则根据工况及性能满足要求设计为产品单级寿命的不同倍数，这样可以优化形成最佳再制造方案，即在产品的第 N 次再制造中只需替换一次寿命和达到 N 倍寿命的零部件，使该产品在再制造过程中减少对零部件的剩余寿命评估和损伤件的恢复工艺过程，简化再制造生产过程，并保证再制造质量，提升再制造效益。

产品梯度寿命设计交叉融合了先进设计理论、材料力学、工程材料、应用数学、计算机软硬件技术、测试技术等多学科的前沿应用理论的综合技术，其技术方法包括可靠性设计分析、失效分析、疲劳寿命评估等，具有交叉性、复杂性、创新性，还需要进行深入的研究与分析。当前合肥工业大学刘光复教授、刘志峰教授及刘涛博士，将产品设计信息参数与再制造特性进行关联分析，提取关键设计参数，建立与再制造性的映射关系；通过调控再制造关键设计参数反馈到设计方案，并进一步针对产品失效后被动再制造的现状，提出了面向主动再制造的可持续设计概念，分别从主动再制造设计信息模型、设计参数映射及优化、设计冲突消解及反馈等方面阐述了主动再制造设计流程，对主动再制造设计参数到再制造特征的映射机制、约束条件下不同再制造设计目标冲突协调和转化等关键问题进行了探讨，形成主动再制造设计框架，探讨了面向再制造的寿命匹配设计方法，为主动再制造设计理论体系的建立奠定了基础[11,12]。

2. 定量寿命设计

关于产品寿命的研究、著作、论文成果丰硕，国内外学者从不同的目的和不同的方式来研究寿命，提出了额定寿命、有效寿命、无限寿命、有限寿命以及物质寿命、经济寿命、技术寿命、环境寿命、偏好寿命等数十种寿命概念。在对产品进行寿命设计时，也研究提出了不同的产品定量寿命设计概念，包括预定寿命设计、等寿命设计、有限寿命设计等，促进了产品寿命设计领域的理论发展及技术应用。

预定寿命设计主要是运用当代最先进的科学技术，通过材料选择、加工制造、装配等有效的手段和方法，把产品寿命控制在预定的时间内的一种现代设计方法[13]。等寿命设计强调在对多个零部件组装成的产品进行定量寿命设计时，使得所有零部件（包括运动的与不运动的）的实际使用寿命都相同或接近相同，保证其在产品到达寿命时，各个零部件也同时达到寿命末端。预定寿命设计和等寿命设计，都属于产品定量寿命设计内容，就是要使具有过剩寿命的零件缩短其寿命，又将寿命不足的零件延长其寿命，可以有效减少产品设计中的零部件寿命冗余或不足，并达到产品中所有零部件寿命互相匹配的理想境界，在保证产品质量的前提下，尽量减少资源浪费。

零部件的定量寿命设计是实现产品自身资源节约化和可持续利用的基础，但零部件的定量寿命设计的前提是能够在不同服役工况要求下进行零部件寿命的精确预测及寿命评估[14]。为了实现产品的定量寿命评估，人们针对产品及其零部件在不同条件下的服役寿命预测进行了大量的研究，并且取得了丰硕的研究成果。

疲劳寿命是发生疲劳破坏以前所经历的应力或应变的循环次数，或从开始受载到发生断裂所经过的时间，由裂纹形成寿命和扩展寿命组成。零件疲劳寿命的计算方法一般包括三部分的内容：材料疲劳过程及行为描述、循环载荷下零部件结构的响应、疲劳累积损伤法则，即只要知道外加载荷、材料特性、局部应力分布，再结合应用的疲劳损伤模型，就可以理论上计算疲劳使用寿命。但在汽车关键零部件疲劳寿命定量设计领域，它不是一种定量疲劳寿命的纯理论的设计方法，它是基于动态、随机、累积疲劳损伤的疲劳寿命定量设计方法。为了避免结构的疲劳失效，人们提出了无限寿命设计、有限寿命设计、损伤容限设计、耐久性设计等抗疲劳设计方法。

正是产品零部件寿命预测技术方法的快速发展，促进了定量化有限寿命设计的应用。机械有限寿命设计技术始于20世纪70年代，并于20世纪80年代在世界工业发达国家迅速得到推广和应用，其主要特点是产品设计图样上出现了使用寿命指标，用产品的可靠工作时间指标替代了经验设计中的保险系数来保证设备的可靠性。美、英、日等国家的国际性工程机械制造商都相继大量购买了相应的有限寿命设计分析软件及其相关的数据采集、编辑、分析系统和电液伺服试验模拟系统，并应用于工程机械产品的开发设计中，促进了产品的优质高效和竞争力。根据资料显示，工程机械采用机械强度有限寿命设计，如液压挖掘机的运转率达到85%~95%，使用寿命超过1万h。现代西方国家军用发动机通用规范，对发动机设计时零件应达到的使用小时寿命、低循环疲劳寿命都规定有不同程度的要求。寿命指标有以小时计的工作寿命和以循环数计的低循环疲劳寿命两种。

对机械产品的有限寿命设计及试验研究，其经济效益和社会效益影响深远，也为实现高效的再制造设计提供了技术支持。

5.6.2　面向再制造的梯度寿命设计目标及重点内容

1. 发展目标

针对当前产品寿命设计方法造成的寿命末端产品零部件服役寿命模糊性对再制造产品质量和生产工艺的不确定性影响，以实现易于再制造的产品零部件定量化梯度寿命合理匹配为目标，通过理论分析、技术试验、数值模拟和工程验证相结合的方法，研究解决面向再制造的产品梯度寿命设计理论及再制造工艺约简方法等基础问题，揭示产品零部件梯度寿命设计的本质内涵，提出多目标下零部件的梯度寿命型谱设计准则，建立不同失效模式下产品零部件定量化梯度寿命设计预测及表征方法，掌握零部件梯度寿命需求向设计特征参数的映射规律；研究基于梯度寿命设计产品对再制造工艺的影响及优化方法，建立产品寿命型谱矩阵到再制造效益目标的冲突消解方法，揭示多约束条件下梯度寿命产品再制造工艺规划反演机制，实现梯度寿命产品再制造工艺层次化匹配约简，全面建立面向再制造的产品梯度寿命设计理论及优化方法体系。

2. 重点发展内容

（1）面向再制造的产品梯度寿命设计理论体系

1）确定产品全生命周期中服役条件、技术进步、生态保护等多因素作用下对产品梯度寿命设计的影响规律和控制方法。

2）应用先进设计思想及创新方法，面向再制造工艺过程优化和调控，立足产品梯度寿命周期的全系统要素、全因素耦合控制观点、多元立体信息挖掘方法，建立基于工况、材料、工艺的多因素寿命影响调控模型，提出梯度寿命设计的理论体系。

3）以价值分析法和技术功能预测法作为主要手段，研究基于产品服役行为和失效机理下的产品零件梯度寿命指标分解协调确定与梯度化分类方法，建立由价值分析和技术参数主导的零部件梯度寿命型谱设计准则，掌握零部件梯度寿命阈值的设计与判定方法。

（2）产品零部件梯度寿命设计方法及实现

1）分析产品零部件定量化寿命预测中存在的大量模糊现象，探讨梯度寿命设计中的"精确性"与服役工况"模糊性"之间的对立和统一，研究零部件服役行为中故障的"随机性"与"模糊性"等不确定性和梯度寿命定量化需求之间的联系与约束，应用模糊数学、灰色系统理论等建立寿命预测中的模糊性定量描述方法。

2）基于可靠性的梯度寿命设计方法和疲劳累积损伤理论，以产品失效模式影响及后果分析（FMECA）与失效树分析（FAT）两种可靠性分析技术，以及系统可靠性预测、概率统计、模糊数学和灰色系统理论等方法构建的统计性和确定性的寿命评估模型，综合建立典型产品零件基于服役状况、几何尺寸约束的多损伤寿命设计与评估方法或模型。

3）以产品零部件的功能、结构、制造等工程约束为基础特征参数，研究产品零部件的梯度寿命定量设计信息与服役特性之间的转化规律，研究定量化的梯度寿命设计对象目标属性和制造参数之间的优化调控方法，建立基于三次设计法的产品梯度寿命型谱向产品性能设计参数的映射关系。

（3）基于梯度寿命的产品再制造工艺优化

1）以面向再制造的产品零部件梯度寿命型谱为基础，研究最优化多寿命周期条件下产品再制造周期的时间阈值判定方法与分类准则，科学确定再制造时间周期与再制造生产效益的协调关系，揭示面向产品多寿命周期的再制造生产规划反演机制。

2）基于产品零部件的梯度寿命，研究产品零部件梯度寿命周期对再制造生产规划的影响规律，建立梯度寿命零部件到再制造工艺规划模型反演机制，实现产品寿命末端再制造生产模式的层次化约简匹配。

3）确定历史数据信息缺失条件下的再制造工艺规划不确定性，并以梯度寿命设计的产品零部件为数据源，以再制造产品质量和再制造效益为目标函数，建立面向再制造全过程的再制造工艺方案、材料选择、物流模式、效益评估等多因素优化下的再制造生产协调方案。

在以上基础上，可选取典型装备，开展再制造性设计实现，确定梯度寿命设计对再制造生产率和效益的影响。

5.6.3　面向再制造的梯度寿命设计流程

梯度寿命设计需要综合运用通过理论分析、技术设计、工艺试验、数值模拟和工程验证相结合的方法，通过对再制造方案的预置分析，建立基于价值分析法的梯度寿命型谱确定准则，构建基于不同服役工况的损耗型和疲劳型零件梯度寿命设计模型，并掌握梯度寿命产品向再制造优化方案的映射，以实现梯度寿命准则向产品设计参数的转化，并进行典型产品梯度寿命设计与再制造工艺优化方法验证评价。面向再制造的梯度寿命设计流程如图 5-4 所示。

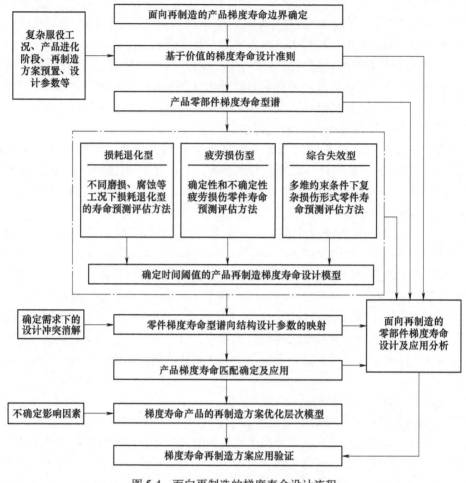

图 5-4　面向再制造的梯度寿命设计流程

1) 以当前的等寿命、预定寿命设计等有限寿命设计理论与寿命预测设计方法为基础，界定面向再制造的产品梯度寿命设计内涵，确定其对产品多寿命周期的影响，提供寿命设计的边界约束条件。

2) 面向再制造全周期生产过程，系统确定废旧产品多目标多因素条件下的再制造生产要求及特点，在产品设计阶段提出再制造生产预置方案，根据产品多模式服役工况、寿命进化阶段及设计参数要求，以价值分析和技术预测作为主要依据，提出面向再制造的产品梯度寿命设计准则，并以此为基础，建立不同产品的梯度寿命型谱，即针对具体产品，能够分析确定在不同的再制造方案需求下，哪些零部件需设计为单梯级寿命（使用 1 个寿命周期需更换），哪些需要设计为 2 倍梯级寿命（可以使用 2 个寿命周期，表明在第一次再制造时，不需要进行修复加工就可直接再用），哪些需要设计为 N 倍梯级寿命（可以使用 N 个寿命周期，即在第 N 次再制造前，均不需要进行修复加工即可满足要求）。梯度寿命型谱如图 5-5 所示。

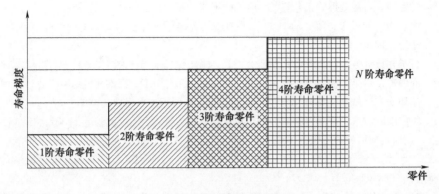

图 5-5　梯度寿命型谱

3）基于确定的再制造型谱，针对不同零件的失效模式分析结果，将零件分为损耗退化型、疲劳失效型及综合损伤型三类，综合利用可靠性设计中的产品失效模式影响及后果分析（FMECA）与失效树分析（FAT）方法，基于当前研究成果，建立磨损、腐蚀等失效形式下的典型寿命预测评价模型，利用名义应力法、局部应力应变法和应力场强法的分析步骤，建立确定性疲劳寿命预测评估方法，确定其预计寿命，并实现梯度关系。

4）基于服役工况下的零件寿命预测评估模型，进行材料疲劳过程及行为描述，确定循环载荷下零部件结构的响应和疲劳累积损伤法则。根据梯度定量寿命需求条件下零件综合参数性能的匹配规律，进行以梯度寿命为目标的多因素冲突消解，实现不同寿命梯度需求量值向结构、材料、尺寸设计参数的映射转化，即通过外加载荷、局部应力分布，反演出材料特性、尺寸特征要求，从而使设计满足梯度寿命的实现。

5）确定产品零部件梯度寿命周期对再制造生产规划的影响。根据梯度寿命零件的产品在寿命末端时的再制造工艺方案优化方法，建立梯度寿命零部件到再制造工艺规划模型反演机制，并规划出高效益的梯度寿命产品寿命末端再制造生产模式的优化匹配模型，形成基于梯度寿命的产品再制造工艺方案层次规划。

6）以典型产品再制造性设计为例，实现面向再制造的产品梯度寿命设计理论和方法应用检验。例如以发动机为例，首先对发动机的全部零部件进行服役工况和失效形式进行分析，基于零件的价值和技术预测的设计准则，建立发动机零部件的寿命型谱，并对多寿命周期需求的零件建立寿命预测评估模型，反演推导出满足多寿命周期需要优化改进的材料、尺寸、结构等条件，实现梯度寿命型谱向设计参数的转化。以发动机曲轴、连杆等多寿命周期零件作为典型件，建立多维约束下的综合寿命评估模型，反演出实现其无须维修的多寿命周期需要改进的参数及实现措施，并对改进后的零件进行寿命评价试验工艺验证。最后对梯度寿命产品的再制造方案进行仿真优化，确定其具体实施措施及效益。

参 考 文 献

[1] 朱胜，姚巨坤. 再制造设计理论及应用 [M]. 北京：机械工业出版社，2009.

[2] 刘志峰. 绿色设计方法、技术及其应用 [M]. 北京：国防工业出版社，2008.

[3] 刘光复，刘志峰，李钢. 绿色设计与绿色制造 [M]. 北京：机械工业出版社，2007.

［4］时小军，姚巨坤．再制造拆装工艺与技术［J］．新技术新工艺，2009（2）：33-35.

［5］史佩京，徐滨士，刘世参，等．面向装备再制造工程的可拆卸性设计［J］．装甲兵工程学院学报，2007，21（5）：12-15.

［6］蒲正伟．标准化设计方法与技术的初步研究［J］．国防技术基础，2007（06）：25-28.

［7］雷艳梅，邵以东，谢萍．如何推进产品设计中的标准化工作［J］．标准研究，2015（3）：19-22.

［8］童时中，童和钦．维修性及其设计技术［M］．北京：中国标准出版社，2005.

［9］杨继荣，段广洪，向东．产品再制造的绿色模块化设计方法［J］．机械制造，2007，45（3）：1-3.

［10］吴小艳．面向再制造的产品绿色模块化设计研究［J］．经济研究导刊，2011（26）：270-272.

［11］刘志峰，柯庆镝，宋守许，等．基于再制造性分析设计方法研究［C］．第四届世界维修大会论文集，中国海南，2008：626-631.

［12］刘涛，刘光复，宋守许，等．面向主动再制造的产品可持续设计框架［J］．计算机集成制造系统，2011，17（11）：2317-2323.

［13］张燕杰．基于定制寿命的机械产品设计方法［J］．机械研究与应用，2007，20（3）：45-46.

［14］李荐名．预定寿命设计与等寿命设计的理论及方法研究［J］．机械设计与制造，2002（5）：3-5.

第 6 章

再制造升级性工作及设计方法

随着技术的快速发展，再制造升级是再制造的重要模式和发展方向，如果在产品设计时，能够面向再制造升级模式，考虑产品的再制造升级性，则能够显著提升产品再制造升级的便利性，提高再制造升级效益。

6.1 概述

6.1.1 基本概念

1. 再制造升级

产品再制造升级是指以功能或性能退役的老旧产品作为加工对象，通过专业化升级改造的方法来使其性能超过原有新品水平的制造过程[1,2]。其生产对象主要是功能或性能退役的老旧产品，其专业化升级改造方法主要包括先进技术应用、功能模块嵌入或更换、产品结构改造等，其升级后的性能要求优于原产品的性能，最终可以实现产品自身的可持续发展和多寿命周期升级使用，再制造升级包括在升级过程中所涉及的所有技术、方法、组织、管理等内容。产品再制造升级是产品改造的重要高品质组成部分，是高效益提升旧品性能的最佳途径。

再制造升级是以需提升功能或性能的老旧机电产品作为对象，以产品再制造为手段，以先进技术应用、功能模块嵌入和产品结构改造为方法，以全面的机电产品再制造生产质量要求为保证，来实现老旧机电产品的性能或功能的恢复与提升，最终实现机电产品自身的可持续发展和多寿命周期升级使用。再制造升级是再制造的重要技术模式，是提升再制造产品质量和市场适应性的主要技术手段，随着科学技术的快速发展和人们需求水平的提升，再制造升级将会成为再制造的主要模式。

再制造升级是人们对提升旧品性能所共同认知基础上的实现方法论，主要强调的是基于产品再制造过程基础上的产品性能提升[3]。由于再制造升级本身是一种旧品的高品质再制造生产过程系统，对它的描述可以参考相应的系统论的分析原理，归纳出产品再制造升级具有以下的主要特征：

1）再制造升级是实现产品性能升级的一种有效方式，通过过时产品的再制造过程来实现产品性能增长。

2）再制造升级具有工程的完整性、复制性和可操作性。

3）再制造升级具有毛坯性能的个体性和数量与质量的不确定性。

4）再制造升级具有性能可认知性和升级目标多样性。

5）再制造升级具有市场需求性和产品自身发展的规律性。

6）再制造升级可视为一种认识产品生长的广义的模型或框架。

2. 再制造升级性

产品再制造升级性是表征产品再制造升级能力的固有属性，无论产品是否在设计阶段考虑其再制造升级内容，它都是客观存在的，若在产品设计阶段就考虑如何在其寿命末端时进行再制造升级，则可以显著提升其具有的再制造升级性参数，提高再制造升级效益，因此，需要在产品设计时就考虑产品再制造升级性[4]。

产品再制造升级性设计是指在综合利用已有设计理论和方法的基础上，重点研究产品再制造升级过程中技术、经济、环境及服役影响特性和资源优化利用特性，设计出在其寿命周期过程中有利于再制造升级的产品，在满足产品自身生长需求、用户功能需求、企业赢利需要的同时，满足社会可持续发展的需要。

6.1.2　主要特征

产品再制造升级性设计的基础是现有的设计理论、方法和工具以及先进的设计理念与技术，并综合运用各种先进的设计方法和工具进一步为升级性设计提供了实施的高效和高可靠性保证。再制造升级性设计需要综合考虑产品在再制造升级中的所有活动，力图在产品设计中体现产品在全寿命周期范围内，与再制造升级相关的技术性、经济性和环境协调性的有效统一。例如升级性设计要求产品设计者、企业决策者、再制造专家、技术预测专家、环境分析专家等组成开发团队进行综合考虑，其中，考虑的因素涉及材料、生产设备、零部件供应与约束、产品制造、装配、运输销售、使用维护、再制造流程、技术发展等生命周期和再制造的各个阶段。

产品再制造升级性设计过程通常是一个自上而下的过程，经历了产品-部件-零件-材料各个过程，是产品系统设计的具体体现。而对产品再制造升级性的分析需要采用自下而上的观点和底层活动数据的累计得到总体的产品特性。再制造升级性设计具有系统性、集成性、并行性、时间性、空间性、产品系统实体及其信息分布等特点。再制造升级性设计思想必将被越来越多的企业及产品开发人员接受和采纳。

6.1.3　基本过程

再制造升级性设计的基本过程如图 6-1 所示，主要包括：

1）获取并正确理解产品设计的升级性技术需求。

2）进行由再制造升级技术需求到升级工程特征规划的配置。

3）再制造升级性设计特征进一步细化为描述明确、易于理解、与产品密切相关的设计准则。

4）结合产品设计，落实设计准则。

5）进行再制造升级性设计符合性的检查与评审。

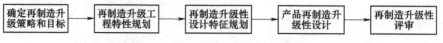

图 6-1　再制造升级性设计的基本过程

6.1.4　升级类型

根据再制造升级的特点，可以将再制造升级分为以下四种类型：

1）功能型再制造升级，即通过添加新模块或替换旧的模块，来增加升级后产品的功能，这是当前再制造升级的主要方式，主要针对技术功能发展较快的产品采取的再制造方式，例如美军阿帕奇直升机的再制造升级，显著增强了攻击能力。

2）性能型再制造升级，即通过采用材料处理、结构改造等方式，来增强原产品可靠性，或者延长产品的寿命，增强产品的使用精度等，提高产品的使用性能，主要针对达到物理寿命的产品，例如通过先进表面技术在再制造中的综合运用，使再制造升级后的发动机寿命达到原来的 2 倍。

3）改造型再制造升级，即通过结构改造、模块增减等再制造升级技术手段，来实现再制造升级产品应用领域和功能的变化，主要针对性能或功能升级后市场需求欠缺的旧品开展，例如将汽油发动机通过再制造改为燃气发动机。

4）综合型再制造升级，即在再制造升级过程中，既包括了新模块的增加来提升功能，又包括了通过材料处理及结构改造来提升产品的使用性能（如可靠性等），此类型针对功能和性能均有需求的旧品再制造升级，如老旧机床的数控化再制造。

6.2　面向产品全寿命周期过程的再制造升级工作

6.2.1　再制造升级作业方式

1. 再制造升级方式

因为产品再制造升级所加工的对象是具有固定结构的旧品，对其升级加工相对新产品研制来说具有更大的约束度，所以对技术要求更高。通常产品再制造升级所采用的方式主要有以下四类：

1）以采用最新功能模块替换旧模块为特点的替换法。主要是直接用最新产品上安装的信息化功能新模块替换旧品中的旧模块，用于提高再制造后产品的信息化功能，满足当前对产品的信息化功能要求。

2）以局部结构改造为特点的改造法。主要用于增加产品新的信息化功能以满足功能要求。

3）以直接增加新模块为特点的嵌入法。主要是通过嵌入新的功能模块来增加产品的新功能。

4）以重新设计为特点的重构法。主要是从最新产品的多种功能化要求和特点出发，重新设计出再制造后产品结构及性能标准，综合优化产品再制造升级方案，使得再制造后产品性能接近或超过当前新产品性能。

2. 再制造升级作业

再制造升级实施可以参考再制造的实施流程，主要在再制造的基础流程上增加了结构改造、功能升级、零件强化等具体升级工作内容。旧品在确定再制造升级方案并被送达升级场地后，一般可按图 6-2 所示步骤执行产品再制造升级任务，其主要流程如下：

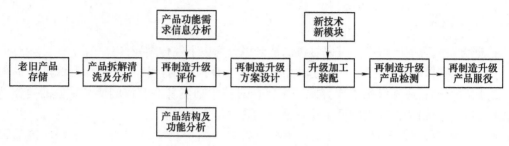

图 6-2 再制造升级任务执行步骤[5]

1）进行产品的完全分解并对零部件工况进行分析。

2）综合新产品市场需求信息和新产品结构及信息化情况等信息，明确再制造后产品的性能要求，对本产品的信息化再制造升级可行性进行评估。

3）对适合信息化再制造升级的产品进行工艺方案设计，确定具体升级方案，明确需要增加的信息化功能模块。

4）依据方案，采用相关高新技术进行产品的再制造升级加工，包括对零部件强化、结构改造、模块替换，按设计方案增加新的功能，并对加工后的产品进行装配。

5）对再制造升级后的产品进行性能和功能的综合检测，以保证产品质量。

6）把再制造升级后的产品投入市场进行更高层次的使用。

6.2.2 全寿命周期中的再制造升级活动

在一个产品的完整全寿命周期过程中，再制造升级工程过程依托于产品设计与再制造升级两个阶段，并发生不同的活动内容。在产品全寿命周期过程中的再制造升级性工作如图 6-3 所示，其具体内容如下：

1）产品再制造升级要求的确定。在要求确定过程中，重点关注有关再制造升级的特殊要求，如产品系统的可拆解性、模块化、标准化以及再制造升级费用等。可以按照定性、定量术语，将再制造升级的要求进行表述，并具体区分出升级性要求和升级保障要求等内容。

2）再制造升级要求的实现途径分析。在产品系统中重点关注再制造升级的要求，通过什么样的技术途径加以实现。要根据具体要求，考察多种备选技术方案，并进行可行性论证。

3）确定产品使用要求影响。确定产品系统使用的功能要求及其对再制造升级的影响，进行使用要求设计与再制造升级要求设计间的矛盾协调与处理，明确产品为完成功能所使用的设计需求对再制造升级的影响，列出主要因素，并通过矛盾矩阵进行协调解决。

4）确定再制造升级与实施方案影响。重点分析再制造升级及其保障方案中与再制造升级直接相关的因素，并进行规范化处理，使其能够作为升级性设计的输入。这些直接影响因素包括：再制造升级的基本策略、再制造升级保障描述、再制造升级性能需求等。

5）确定再制造升级性参数和指标。按照再制造升级的整体要求确定具体的升级性定量要求参数，并需要设计人员根据目标的重要程度来决定哪些目标更为优先。

6）产品系统再制造升级功能分析。重点对产品再制造升级分解出的升级功能进行详细分析，确定出产品的再制造升级职能和再制造升级过程等。

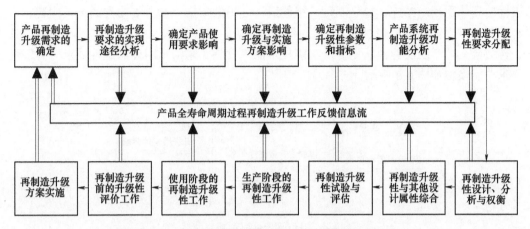

图 6-3　产品全寿命周期过程中的再制造升级性工作

7）再制造升级性要求分配。按照功能分析定义，将产品的升级性定性、定量要求逐步向底层分析，其中定性要求转化为升级性设计准则，定量要求转化为部件或零件的升级性定量要求。

8）再制造升级性设计、分析与权衡。升级性设计、分析与权衡是指要在产品论证阶段、方案研制阶段和工程研制阶段反复进行的过程。这一过程中，首先根据定性、定量要求进行升级性设计，然后运用升级性分析技术对具体的升级性设计方案进行建模分析，最后运用升级性权衡技术对多个设计方案进行权衡分析，确定设计方案。

9）再制造升级性与其他设计属性综合。把升级性设计方案与工艺性、可靠性、维修性、安全性等其他设计属性进行综合，在大范围内进行设计权衡。

10）再制造升级性试验与评估。通过对一个或多个模块进行模拟或实际试验来验证再制造升级时间、费用等参数，验证连接拆解、损伤修复的难易程度，并开展升级保障设施的预置试验。

11）生产阶段的再制造升级性工作。在生产阶段的重点是对已经设计的升级性进行保证，分析生产工艺对升级性的影响，为生产做好必要准备，同时进行升级性信息的收集、分析与反馈。

12）使用阶段的再制造升级性工作。在产品使用阶段升级性的重点是提高系统的升级性，通过使用过程中升级性信息的收集与分析，实现使用过程中升级性增长，同时提出升级性设计的更改建议。

13）再制造升级前的升级性工作。在产品因功能无法满足要求而需要再制造升级前，需要根据产品自身属性与产品相关功能技术进化发展情况，来科学形成并评判再制造升级方案，形成最佳再制造升级途径。

6.3　再制造升级性设计方法

6.3.1　再制造升级性定性设计方法

在产品最初设计阶段，可以根据需要制订出升级性定性要求，它是进一步量化升级性定量指标的具体途径或措施，也是制订升级性设计准则的依据。参考维修性的有关内容，定性要求的制订可以依据再制造性及其他设计指标要素的有关要求，并参考类似产品的设计要求，再结合具体产品功能模块划分及功能技术需求发展，来给出明确的定性要求。升级性定性要求功能模型如图6-4所示。

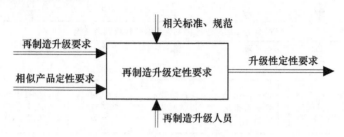

图 6-4 升级性定性要求功能模型

再制造升级性的定性设计内容与方法可从产品功能模块的替换性、零部件的重用性、环保性、经济性等方面进行描述。产品再制造升级性定性设计内容与方法见表6-1。

表 6-1 产品再制造升级性定性设计内容与方法

领域	内容	作用	方法
功能的可更新性	模块化设计	可实现模块的更替或拆除，实现功能升级	通过功能分类与集成来实现模块化分组
	功能预置设计	通过预测，预留未来的功能扩展结构	可以改造的结构，并预留模块接口，增加升级性
	标准化接口设计	便于进行模块更换	采用标准接口，可以在必要时进行模块增加或替换，实现功能升级
零部件的重用性	可修复性设计	实现零件的修复后重用	设计时要增加零部件的可靠性，尤其是附加值高的核心零部件，要减少材料和结构的不可恢复失效，防止零部件的过度磨损和腐蚀
	长寿命设计	实现零部件的直接重用	通过适当增加强度或选择材料来实现零部件的寿命延长
	可拆解性设计	实现零部件的无损拆解，提升零部件重用率	减少产品接头的数量和类型，减少产品的拆解深度，避免使用永固性的接头，考虑接头的拆解时间和效率等。在产品中使用卡式接头、模块化零件、插入式接头等均有易于拆解
	无损清洗设计	合理设计清洗表面，避免清洗过程中将会造成的损伤	设计时应该使外面的部件具有易清洗且适合清洗的表面特征，如采用平整表面，采用合适的表面材料和涂料，减少表面在清洗过程中的损伤概率等
	易于分类设计	实现零件的科学分类，增强重用的便利性	采用标准化的零件，尽量减少零件的种类，并对相似的零件设计时应该进行标记，增加零件的类别特征

（续）

领域	内容	作用	方法
经济性	运输性设计	合理设计外表面和结构，避免造成运输中的破坏，减少运输的体积，降低运输费用	例如对于大的产品，在装卸时需要使用叉式升运机的，要设计出足够的底部支承面；尽量减少产品凸出部分，以避免在运输中碰坏，并可以节约储存时的空间
	标准化设计	便于进行标准化易损件的更换，减少生产加工费用	采用易于替换的标准化零部件和结构
	检测性设计	便于检测，降低检测费用	预留检测空间或检测元件
	装配性设计	易于装配，降低生产费用	采用模块化设计和零部件的标准化设计来提高装配性
环保性	绿色材料选择	降低环境污染及因材料不符合环保要求而报废的情况	采用绿色环保材料，杜绝国家禁止使用的材料，加强材料的服役性
	绿色工艺设计	实现绿色拆解、清洗、加工、包装，减少生产过程中造成的环境污染	强调无损拆解；采用物理清洗技术；采用高可靠性检测方法，避免误检率；采用可重用包装材料；加强工序中废弃物环保处理等

6.3.2　再制造升级性定量要求分析与确定

再制造升级性定量要求的分析确定主要是要根据再制造升级性的需求，选定再制造升级性的评价参数并确定再制造升级性指标。确定再制造升级性指标相对确定参数来说更加复杂和困难，因此在确定指标之前，产品研制部门要和产品使用部门、再制造升级部门进行反复评议，再制造升级部门从产品使用需求和再制造升级实施需要提出适当的最初要求。通过协商使指标既能满足再制造升级需求，设计时又能够实现。指标通常给定一个范围，即使用指标应有目标值和门限值，合同指标应有规定值和最低可接受值。制订再制造升级性定量要求的功能模型如图 6-5 所示。

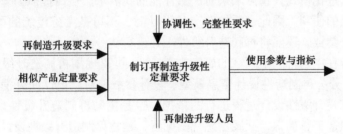

图 6-5　制订再制造升级性定量要求的功能模型

再制造升级性参数的选择主要考虑以下几个因素：

1）产品的再制造升级需求是选择再制造升级性参数时要考虑的首要因素。

2）产品的结构特点是选定参数的主要因素。

3）再制造升级性参数的选择要和预期的再制造升级方案结合起来考虑。

4）选择再制造升级性参数必须同时考虑所定指标如何考核和验证。

5）再制造升级性参数选择必须和技术预测与故障分析结合起来。

总之，新产品的再制造升级性设计是一个综合的并行设计过程，需要综合分析功能、技术、经济、环境、材料、管理等多种因素，进行系统考虑，保证产品寿命周期中的再制造升级能力，以实现产品的最优化回收。因此，产品的再制造升级性设计属于环保设计、绿色设计的重要组成部分，其目的是提高产品的再制造升级能力，实现产品的可持续发展和多寿命使用周期。

6.3.3 再制造升级性参数与指标转换

再制造升级人员提出的再制造升级实施时的参数及指标，应转换为实际产品设计时的参数与指标，明确定义及条件。可以采用专家估计的方法来进行转换，其功能模型如图6-6所示。再制造升级方要确定出产品级的升级性定量要求，对于重要的分系统或部件，也应提出升级性要求，并做出规定。产品的设计人员需要根据再制造升级人员的定量需求，完成整个产品及其零部件的升级性要求指标的转换。

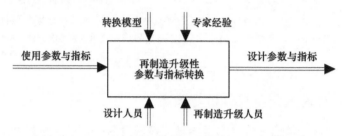

图 6-6 再制造升级性参数与指标转换的功能模型

6.3.4 再制造升级性设计的参数映射机制

1. 再制造升级性设计流程系统

与传统的针对具体产品功能开展设计不同，再制造升级性设计要求在产品设计之初，就要考虑产品的技术进化模式，预测未来对产品性能的新需求，从而提前为未来的再制造升级提供结构或性能上的便利。因此，要求在产品设计时，不单是考虑传统的可靠性、维修性、安全性、经济性等参数，还要将再制造升级性一并进行统一考虑。

参考相关学者在主动再制造领域的研究文献[6-8]，可以规划再制造升级性设计流程，如图6-7所示，可划分为再制造性设计信息模型、设计参数映射、设计冲突消解、设计反馈四个模块。设计信息是升级性设计过程进行的依据，也是主动再制造升级性设计知识的载体，因此通过融合再制造工程知识，开展信息视图配置，建立再制造升级性设计信息模型，是设计顺利进行的前提。再制造升级性设计流程如下所示：

1）从产品再制造升级性需求入手，综合分析各项再制造升级信息（如来自市场、企业、用户等），通过信息约简和聚类进行归纳整理，形成再制造升级性设计参数。

2）由于预测的再制造升级信息需求和表达方式等存在差异，需要研究再制造升级性设计参数与再制造升级特征之间的映射，建立性能设计、结构等约束特征之间的映射函数，提取关键设计参数及其与产品再制造升级性之间的映射关系。

3）由于再制造升级性设计需要多方的高度协作，面向再制造升级的产品设计全过程可以看作是按给定再制造升级目标和在部分功能、性能、费用、结构等相互矛盾的条件下不断进行设计冲突消解的过程。将产品资源与能源属性、零部件寿命周期、再制造升级成本、再

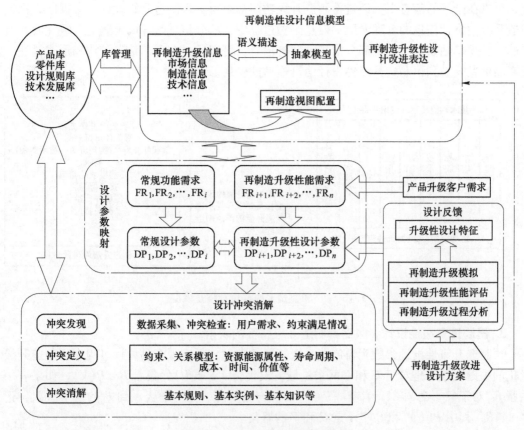

图 6-7　再制造升级性设计流程

制造升级结构工艺性等因素引入设计过程，并转化为耦合设计的冲突问题，通过冲突协调和转化，实现再制造升级设计过程的冲突消解。

4）借助反馈调节思想，通过再制造升级的仿真模拟、再制造升级性能检测等途径提取产品设计特征，将再制造升级过程信息以知识的方式反馈到设计过程，建立影响再制造升级过程的产品设计要素对设计过程的有效反馈机制。

2. 再制造升级性设计信息模型

为了满足再制造升级阶段的信息需求，通常面向再制造升级的产品信息集成的产品模型包括管理信息、几何/拓扑信息、材料信息、精度信息、装配信息、工艺技术信息、使用信息和环境信息等。为了能够将再制造升级性设计信息模型作为一个有机的整体加以处理，必须在集成产品信息模型的基础上融合再制造升级工程实践的相关知识。再制造升级设计信息模型以产品对象为表达核心进行信息组织，通常可以直接用总装图作为主模型，建立合理的零部件引用关系，用以表达几何/拓扑信息、装配信息、形面信息及材料信息等，而用电子仓库存储那些不能或不方便在设计图形中表达的数据文档信息。

如图 6-8 所示，在信息配置过程中，产品对象信息除了常规的几何特征信息、装配信息、材料信息等，还应该充分考虑产品的再制造升级时体现出来的功能，如零部件损伤状况、工况信息、零部件表面成分、零部件再制造升级工艺性能情况、零部件结构改造情况等，并结合相应的语义描述，实现设计过程和信息模型的统一。通过再制造升级设计信息配置，可以在杂乱的信息中，经过再制造升级功能抽象得到再制造升级设计信息视图，保证再制造升级性设计信息的合理调取。信息配置过程中，部分信息是开展再制造升级性设计所特有的，必须单独表达，还有部分信息是共有信息，可以通过合理的信息结构和形式描述，实现产品信息模型到再制造升级性设计信息模型的映射。

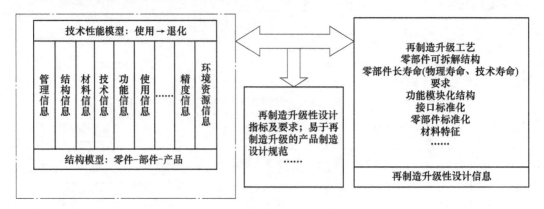

图 6-8　再制造升级性设计信息模型

3. 再制造升级性设计参数到再制造升级特征的映射

再制造升级性设计参数到再制造升级特征的映射，是实现产品设计过程中再制造升级性量化的关键。映射是对于 U 和 V 两个论域，设集合 $A \in P(U)$，集合 $B \in P(V)$，如果有一个关系 f，对于每一个 $x \in A$，有唯一一个 $y \in B$ 与之对应，则 f 是从 A 到 B 的一个映射，记为 $f: A \rightarrow B$，其中 $P(U)$ 和 $P(V)$ 是 U 和 V 的幂集。

再制造升级需求的量化是实现再制造升级性量化的基础，产品再制造升级需求主要体现在满足产品基本性能前提下的技术升级特性。再制造升级需求表示为

$$UR = \sum_{i=1}^{n} a_i Q_i^U \tag{6-1}$$

式中　　UR——用户对再制造升级产品的需求；

$\quad\quad a_i$——权重；

$\quad\quad Q_i^U$——各质量特征需求权重。

再制造升级需求及设计方式见表 6-2。

表 6-2　再制造升级需求及设计方式

过程	易于再制造升级的要求（驱动力）	设计方法
拆解	减少拆解工具的使用，减少拆解时间	减少紧固件的数量和种类，使用标准件
分类	降低零部件辨识难度	使用同类的或非常不同的零部件
清洗	使清洗工具和清洗剂易于接触到零件	避免几何形状造成污物附着，选择合适的材料
检测	降低评估产品可重用性的难度	精确地显示零件剩余使用寿命
损伤件修复	降低修复的劳动强度，减少重大修复	提高耐用性，选择高性能材料
升级	增加或替换新模块，提升功能	模块化、标准化设计，预留接口

从设计和工艺两个角度出发，再制造升级特征映射函数可以分为设计-再制造升级关联特性映射和设计-再制造升级工艺约束映射，如图 6-9 所示。

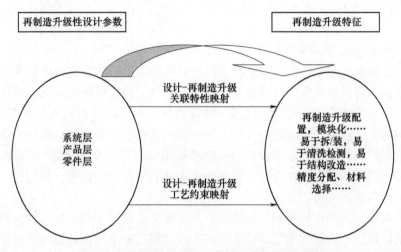

图 6-9 再制造升级性设计参数及其特征映射模型

在图 6-9 中，再制造升级性设计参数从系统层→产品层→零件层加以递进考虑，即形成"产品族宏观配置→产品性能分配→零部件参数优化"的再制造升级特征层次关系。设计参数常用设计变量表示，再制造升级性一般由某种目标函数或若干函数的加权和表征，因此设计参数向再制造升级性的映射函数可分解为各不同再制造升级性设计变量在约束条件下与各设计目标的并行优化。分解的目的是让子任务在求解的过程中具有一定的独立性，能够在一定的条件下不依赖于其他子任务进行求解，然后通过合适的方法进行协调。

如在设计过程中，产品的各质量特征需求权重 Q_i^U 可转化为再制造升级成本 C、再制造升级环境影响 E 及再制造升级技术性 R_e。再制造升级性设计变量和设计目标的关系表示如下：

$$\begin{cases} \min C = \min_{x \in \Omega}(C_c + C_p + C_m + C_r) \\ \min E = \min_{x \in \Omega} E(x) W_q \\ \max R_e = \max_{x \in \Omega}(R_u + R_d + R_w) \end{cases} \tag{6-2}$$

式中 C_c——设计成本；

       C_p——原料成本；

       C_m——加工成本；

       C_r——回收成本；

   $E(x)$——单位材料的生命周期环境影响；

       W_q——质量；

       R_u——再制造升级性；

       R_d——可拆解性；

       R_w——耐磨性。

约束映射函数用来表征各种约束条件，限制设计变量的选取范围和描述各变量之间的相关关系。

S. t. $x(y_1) \leqslant y_{1\delta}$, $x(y_2) \leqslant y_{2\delta}$, $\cdots$, $x(y_i) \leqslant y_{i\delta}$, $x_{(yi+1)} \geqslant y_{(i+1)\delta}$, $\cdots$, $x(y_n) \geqslant y_{n\delta}$

式中，约束条件 $x(y)$ 为产品/零部件属性值；$y_{1\delta}$, $y_{2\delta}$, $\cdots$, $y_{n\delta}$ 为属性 y_1, y_2, $\cdots$, y_n 的设计要求。

4. 再制造升级性设计冲突消解

实现了设计参数向再制造升级性的映射以后，就面临着设计冲突的协调及消解问题。冲突消解过程是面向再制造升级的可持续设计的核心步骤，因为再制造升级性设计考虑的设计要素较多，如产品性能的生长特性、资源与能源属性、零部件寿命周期、再制造升级成本、再制造升级结构工艺性等。大多数情况下，冲突的出现是不可避免的，如长寿命设计可能增加材料费用，可拆解性设计可能增加产品的制造费用等，对于设计变量-再制造升级性映射过程所分解的不同再制造升级性设计变量在约束条件下的各设计目标，必须进一步通过冲突协调和转化，最终消除冲突。

设计冲突可以分为约束冲突和目标冲突。约束冲突是由于某些设计参数在不同学科间出现冲突或采用的模型不当导致两设计任务的约束互不相容的情况；目标冲突是指由于评价标准不一致而造成的无法达到各设计任务最优的问题。约束冲突目前只能通过互相校验各设计任务的优化值来解决；目标冲突在主动再制造升级性设计等并行化程度较高的设计过程中较常见，本质上来说，目标冲突问题就是协商博弈问题，协商机制的基本原则是满意原则，即通过协调、决策实现整体多目标优化，而非寻求各自模型的最优值。基于谈判理论的设计冲突消解是其中一种较典型的方法。

设再制造升级性设计要素为 $f_1(n)$ 和 $f_2(n)$，n 为设计变量，其取值集合为 $N = \{n_1, n_2, \cdots, n_i\}$。对应不同设计变量值的 $f_1(n)$ 和 $f_2(n)$，构成设计可行集 F：$\{[f_1(n_1), f_2(n_1)], [f_1(n_2), f_2(n_2)], \cdots, [f_1(n_i), f_2(n_i)]\}$，分别求出 $\min f_1(n)$ 和 $\min f_2(n)$ 时的设计变量值 $n_{\min1}$ 和 $n_{\min2}$，由于设计目标不同，一般来说，$n_{\min1} \neq n_{\min2}$。

再制造升级性设计过程中，设计者的效用函数难以量化，一般用设计满意度（即冲突解与最优解的贴近度）来表征，两个不同设计目标的设计满意度公式分别为

$$v_1(n) = [f_1(n_{\min1}) - f_1(n)]/[f_1(n_{\min1}) - f_1(n_{\max1})]$$
$$v_2(n) = [f_2(n_{\min2}) - f_2(n)]/[f_2(n_{\min2}) - f_2(n_{\max2})]$$

同样，设计满意度取极小值为最优。对设计满意度进行归一化处理：

$$u_1(n) = v_1(n)/\sqrt{\sum_1^i [v_1(n_i)]^2}$$
$$u_2(n) = v_2(n)/\sqrt{\sum_1^i [v_2(n_i)]^2}$$

设计满意度值越小，设计者就越接近其设计极值点。再制造升级性设计过程中，根据不同设计要素的地位权重，在设计冲突解决的谈判局势下，各设计者均有其谈判的让步程度。不同要素设计者的让步程度不同，在冲突解决的谈判局势中，分别表现出进攻和防御的不同策略。设前者最大让步为 r_1，后者最大让步为 r_2，且 $r_1 < r_2$，前者为进攻方，从后者在非谈判情况下的最小值点开始搜索，即取初始冲突点 $(u_{1f}, u_{2f}) = [u_1(n_{\min2}), u_2(n_{\min2})]$，则理想化冲突解按如下谈判路径得到：

步骤1　取 (u_{1f}, u_{2f}) 为初始搜索点，Δi 为搜索步长。

步骤 2 开始搜索，得到下一谈判解点 $(u_{1f}-n\Delta i, u_{2f}+m\Delta i)$。

步骤 3 对解进行检测，满足 $n\Delta i/r_1>m\Delta i/r_2$ 且 $m\Delta i<r_2$，若解成立，则返回步骤 2 继续搜索，否则得出理想化最优点。

5. 设计反馈

再制造升级性设计过程并不仅以达到优化设计目标作为设计最终状态，从系统动力学的观点分析，再制造升级性设计过程是处于一系列稳定运行的反馈机制下的动态优化过程。再制造升级性设计可以看作是一个具有反馈环节的动态系统，该系统能够将优化后的再制造升级关键设计参数反馈到产品初始设计方案，对改进后的设计方案进行再制造升级性评估，通过反复优化形成反馈设计模型，最终得到具有良好再制造升级性的产品设计方案。面向再制造升级的反馈设计模型如图 6-10 所示。

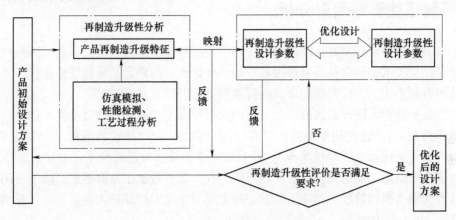

图 6-10 面向再制造升级的反馈设计模型

参 考 文 献

[1] 姚巨坤，梁志杰，崔培枝. 再制造升级研究 [J]. 新技术新工艺，2004 (3)：17-19.

[2] 朱胜，姚巨坤. 装备再制造升级及其工程技术体系 [J]. 装甲兵工程学院学报，2011，25 (6)：67-70.

[3] 姚巨坤，李超宇，崔培枝，等. 再制造升级的基本哲理认知问题研究 [J]. 中国资源综合利用，2017，35 (12)：81-84.

[4] 姚巨坤，朱胜. 再制造升级 [M]. 北京：机械工业出版社，2017.

[5] 姚巨坤，时小军. 废旧机电装备信息化再制造升级研究 [J]. 机械制造，2007 (4)：1-4.

[6] 宋守许，刘明，刘光复，等. 现代产品主动再制造理论与设计方法 [J]. 机械工程学报，2016，52 (7)：133-141.

[7] 刘涛，刘光复，宋守许，等. 面向主动再制造的产品可持续设计框架 [J]. 计算机集成制造系统，2011，17 (11)：2317-2323.

[8] 刘涛，刘光复，宋守许，等. 面向主动再制造的产品模块化设计方法 [J]. 中国机械工程，2012，23 (10)：1180-1187.

第 7 章

废旧产品再制造性评价

7.1 再制造性影响因素分析

由于再制造性设计还没有在产品设计过程中进行普遍的开展，因此目前对退役产品的评价还主要是根据技术、经济及环境等因素进行综合评价，以确定其再制造性量值，定量确定退役产品的再制造能力。再制造性评价的对象包括废旧产品及其零部件。

废旧产品是指退出服役阶段的产品。退出服役原因主要包括：产品产生不能进行修复的故障（故障报废）、产品使用中费效比过高（经济报废）、产品性能落后（功能报废）、产品的污染不符合环保标准（环境报废）、产品款式等不符合人们的爱好（偏好报废）。

再制造全周期指产品退出服役后所经历的回收、再制造加工及再制造产品的使用直至再制造产品再次退出服役阶段的时间。再制造加工周期指废旧产品进入再制造工厂至加工成再制造产品进入市场前的时间。

由于再制造属于新兴学科，再制造设计是近年来新提出的概念，而且处于新产品的尝试阶段，以往生产的产品大多没有考虑再制造特性。当该类废旧产品送至再制造工厂后，首先要对产品的再制造性进行评价，判断其能否进行再制造。国外已经开展了对产品再制造特性评价的研究。废旧产品的再制造特性及其影响因素如图 7-1 所示。

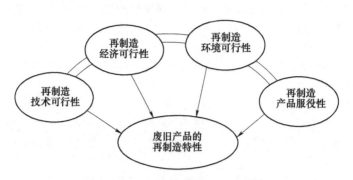

图 7-1 废旧产品的再制造特性及其影响因素

由图 7-1 可知，产品再制造的技术可行性、经济可行性、环境可行性、产品服役性影响因素的综合作用决定了废旧产品的再制造特性，而且四者之间也相互产生影响[1]。

再制造特性的技术可行性要求废旧产品进行再制造加工技术及工艺上可行，可以通过原产品恢复或者升级恢复或者提高原产品性能的目的，而不同的技术工艺路线又对再制造的经济性、环境性和产品的服役性产生影响。

再制造特性的经济可行性是指进行废旧产品再制造所投入的资金小于其综合产出效益（包括经济效益、社会效益和环保效益），即确定该类产品进行再制造是否"有利可图"，这是推动某种废旧产品进行再制造的主要动力。

再制造特性的环境可行性是指对废旧产品再制造加工过程本身及生成后的再制造产品在社会上利用后所产生的影响小于原产品生产及使用所造成的环境污染成本。

再制造产品的服役性主要指再制造加工生成的再制造产品其本身具有一定的使用性，能够满足相应市场需要，即再制造产品是具有一定时间效用的产品。

通过以上几方面对废旧零件再制造特性的评价后，可为再制造加工提供技术、经济和环境综合考虑后的最优方案，并为在产品设计阶段进行面向再制造的产品设计提供技术及数据参考，指导新产品设计阶段的再制造考虑。正确的再制造性评价还可为进行再制造产品决策、增加投资者信心提供科学的依据。

7.2 再制造性的定性评价

产品的再制造性评估主要有两种方式：一种是对已经使用报废和损坏的产品在再制造前对其进行再制造合理性评估，这类产品一般在设计时没有按再制造要求进行设计；另一种是当进行新产品的设计时对其进行再制造性评估，并用评估结果来改进设计，增加产品再制造性。

对已经报废或使用过的旧产品进行再制造，必须符合一定的条件。部分学者从定性的角度进行了分析。

1）德国的 Rolf Steinhilper 教授从评价以下 8 个不同方面的标准来进行对照考虑[2]：

① 技术标准（废旧产品材料和零件种类以及拆解、清洗、检验和再制造加工的适宜性）。

② 数量标准（回收废旧产品的数量、及时性和地区的可用性）。

③ 价值标准（材料、生产和装配所增加的附加值）。

④ 时间标准（最大产品使用寿命、一次性使用循环时间）。

⑤ 更新标准（关于新产品比再制造产品的技术进步特征）。

⑥ 处理标准（采用其他方法进行产品和可能的危险部件的再循环工作和费用）。

⑦ 与新制造产品关系的标准（与原制造商间的竞争或合作关系）。

⑧ 其他标准（市场行为、义务、专利、知识产权等）。

2）美国的 Lund R. 教授通过对 75 种不同类型的再制造产品进行研究，总结出以下 7 条判断产品可再制造性的准则[3]：

① 产品的功能已丧失。

② 有成熟的恢复产品的技术。

③ 产品已标准化、零件具有互换性。

④ 附加值比较高。

⑤ 相对于其附加值，获得"原料"的费用比较低。

⑥ 产品的技术相对稳定。

⑦ 用户知道在哪里可以购买再制造产品。

以上的定性评价主要针对已经大量生产、已损坏或报废产品的再制造性。这些产品在设计时一般没有考虑再制造的要求，在退役后主要依靠评估者的再制造经验以定性评价的方式进行。

7.3　再制造性的定量评价

废旧产品的再制造特性定量评价是一个综合的系统工程，研究其评价体系及方法，建立再制造性评价模型，这是科学开展再制造工程的前提。不同种类的废旧产品其再制造性一般不同，即使同类型的废旧产品，因为产品的工作环境及用户不同，其导致废旧产品的方式也多种多样，如部分产品是自然损耗达到了使用寿命而报废，部分产品是因为特殊原因（如火灾、地震及偶然原因）而导致报废，部分产品是因为技术、环境或者拥有者的经济原因而导致报废，不同的报废原因导致了同类产品具有不同的再制造性值。

目前废旧产品再制造性定量评估通常可采用以下几种方法来进行：

1) 费用-环境-性能评价法：是从费用、环境和再制造产品性能三个方面综合评价各个方案的过程。

2) 模糊综合评价法：是通过运用模糊集理论对某一废旧产品再制造性进行综合评价的一种方法。模糊综合评价法是用定量的数学方法处理那些对立或有差异、没有绝对分明界限的定性概念的较好方法。

3) 层次分析法：是一种将再制造性的定性和定量分析相结合的系统方法。层次分析法是分析多目标、多准则的复杂系统的有力工具。

7.3.1　费用-环境-性能评价法

费用-环境-性能评价法就是把不同技术方案的费用、技术及环境效能进行比较分析的方法。费用可以反映再制造的主要耗费，环境可以反映再制造过程的主要环境影响，而性能则可以反映再制造产品属性的主要指标。在产品退役后、再制造前，可能存在多种再制造方案，且每种方案的选择需要考虑费用-环境-性能时，都要进行三者影响的分析，以便为再制造方案决策提供依据，并在实施方案过程中，对分析评价的结果反复地进行验证和反馈。

1. 准则

权衡备选方案有以下几类评定准则：

定费用准则：在满足给定费用的约束条件下，使方案的环境效益和产品性能效益最大。

定性能准则：在确定产品性能的情况下，使方案的环境效益最大，再制造费用最低。

环境效益最大准则：在环境效益最大情况下，使方案的费用最低，性能最高。

环境-性能与费用比准则：使方案的产品性能、环境效益与所需费用之比最大。

多准则评定：退役产品再制造具有多种目标和多重任务而没有一个单一的效能度量时，可根据具体产品的实际背景，选择一个合适的多准则评定方法，该方法应当是公认合理的。

2. 分析的程序

分析的一般程序由分析准备和实施分析所组成。废旧装备再制造特性评价基本流程如图7-2所示。

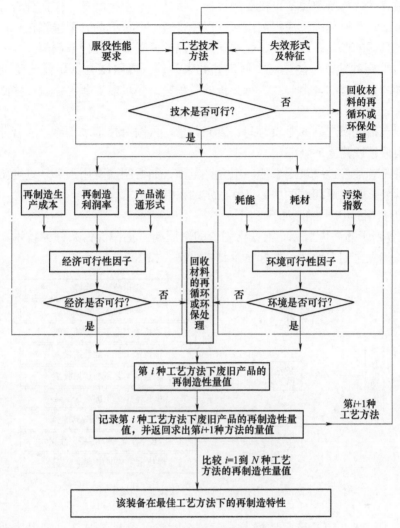

图 7-2 废旧装备再制造特性评价基本流程[4]

在进行分析和评价时，要注意以下几点：

（1）明确任务、收集信息 明确分析的对象、时机、目的和有关要求，作为分析人员进行分析工作的依据。收集一切与分析有关的信息，特别是与分析对象、分析目的有关的信息，以及现有类似产品的费用、效能信息，指令性和指导性文件的要求等。收集信息的一般要求为：

1）准确性。费用、效能信息数据必须准确可靠。

2）系统性。费用信息数据要连续、系统和全面，应按费用分析结构、影响效能要素进行分类收集，不交叉、无遗漏。

3）时效性。要有历史数据，更要有近期和最新的费用数据。

4）可比性。要注意所有费用数据的时间和条件，使之具有可比性，对不可比的数据使其具有间接的可比性。

（2）确定目标 目标是指使用产品所要达到的目的。应根据产品主管部门的要求，确定进行费用敏感性分析所需要的可接受的目标。目标不宜定得太宽，应把分析工作限制在所提出问题的范围；目标范围不应限制过多，以免将若干有价值的方案排除在外；在目标说明中，既要描述具体的产品系统特性，又要描述产品的任务需求和任务剖面。

（3）建立假定和约束条件　建立假定和约束条件，以限制分析研究的范围。应说明建立这些假定和约束条件的理由。在进行分析的过程中，还可能需要再建立一些必要的假定和约束条件。

假定一般包括废旧产品的服役时间、废弃数量、再制造技术水平等。随着分析的深入可适当修改原有假定或建立的新假定。

约束条件是有关各种决策因素的一组允许范围，如再制造费用预算、进度要求、现有设备情况及环境要求等，而问题的解必须在约定的条件内去求。

（4）分析费用-环境-性能因子

1）确定各因子的评价指标。根据再制造的全周期，将评价体系分为技术、经济、环境三个方面，并建立再制造性评价指标体系结构模型，如图7-3所示。

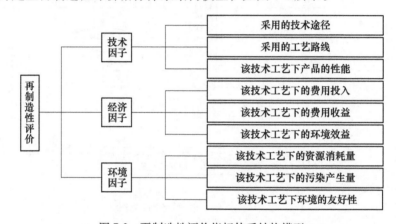

图 7-3　再制造性评价指标体系结构模型

不同的技术工艺（包括产品的回收、运输、拆解、检测、加工、使用、再制造等技术工艺）可以产生不同的再制造产品性能（包括产品的功能指标、可靠性、维修性、安全性、用户友好性等方面），并且对产品的经济、环境产生直接的影响。该模型中所获得的产品的再制造性是指在某种技术工艺下的再制造性，并不一定为最佳的再制造性，而通过进行对比不同技术工艺下的再制造性量值，可以根据目标确定废旧产品最适合的再制造工艺方法。

2）费用-环境-性能评价。对再制造中各因子的评定方法可以采用如下理想化的方法，通过建立数据库，输入相关的要求而获得不同技术工艺条件下的技术、经济、环境因子。产品再制造性评价因子计算方法如图7-4所示。

① 技术因子的计算。根据废旧产品的失效形式及再制造产品性能、工况及环境标准限值等要求，选定不同的技术及工艺方法，并预计出在该技术及工艺下，再制造后产品的性能指标，与当前产品性能相比，以当前产品的价格为标准，预测确定再制造产品的价格。根据不同的产品要求，可有不同的性能指标选择。技术因子的评价步骤如下：

对第 i 条技术第 j 条工艺情况下的预测产品的某几个重要性能如可靠性（r）、维修性（m）、用户友好性（g）及某一重要性能 f 作为技术因子的主要评价因素，建立技术因子 P

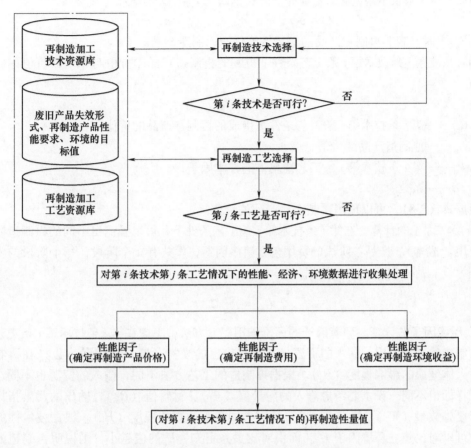

图 7-4 产品再制造性评价因子计算方法[5]

的一般评价因素集：

$$P = \{r, m, e, f\} \tag{7-1}$$

建立原产品的技术因子 P_o 的评价因素集：

$$P_o = \{r_o, m_o, e_o, f_o\} \tag{7-2}$$

建立再制造产品技术因子评价因素集：

$$P_{ij1} = \{r_{ij}, m_{ij}, e_{ij}, f_{ij}\} \tag{7-3}$$

将 P_{ij1} 和 P_o 中各对应的评价因素相比，可以无量纲化评价指标：

$$P_{ij2} = \left\{ \frac{r_{ij}}{r_o}, \frac{m_{ij}}{m_o}, \frac{e_{ij}}{e_o}, \frac{f_{ij}}{f_o} \right\} \tag{7-4}$$

化简得

$$P_{ij3} = \{r_{ijo}, m_{ijo}, e_{ijo}, f_{ijo}\} \tag{7-5}$$

建立各评价因素的权重系数：

$$A = (a_1, a_2, a_3, a_4) \tag{7-6}$$

式中 a_1，a_2，a_3，a_4——r_{ijo}，m_{ijo}，e_{ijo}，f_{ijo} 的权重系数，且满足 $0 < a_i < 1$，$\sum_{i=1}^{4} a_i = 1$。

因此，第 i 条技术第 j 条工艺条件下的技术因子 P_{ij} 可以计算为

$$P_{ij} = a_1 r_{ijo} + a_2 m_{ijo} + a_3 e_{ijo} + a_4 f_{ijo} \tag{7-7}$$

式中，$P_{ij} > 1$ 时，表明再制造产品的综合性能优于原制造产品。

同时预测第 i 条技术第 j 条工艺条件下得到的再制造产品的价值与原产品价值的关系可表示为

$$C_{rij} = aP_{ij}C_m \tag{7-8}$$

式中　C_{rij}——第 i 条技术第 j 条工艺条件下生成的再制造产品的价值；

　　　C_m——原制造产品的价值；

　　　P_{ij}——第 i 条技术第 j 条工艺情况下的技术因子；

　　　a——系数。

根据式（7-8），可以预测再制造后产品的价值。

② 经济因子的计算。在第 i 条技术第 j 条工艺条件下，可以预测出不同的再制造阶段的投入费用（成本）。产品各阶段的费用包含诸多因素，设共有 n 个阶段，每个阶段的支出费用分别为 C_i，则全阶段的支出费用：

$$C_{cij} = \sum_{K=1}^{n} C_K \tag{7-9}$$

③ 环境因子的计算。环境因子的评价采用黑盒方法，考虑在第 i 条技术第 j 条工艺条件下的再制造的全过程中，输入的资源（R_i）与输出的废物（W_o）的量值，以及在再制造过程中对人体健康的影响程度（H_e）。根据再制造的工艺方法不同，输入的资源也不同，具体的评价指标也不同，设主要考虑输入的能量值（R_e）、材料值（R_m），输出的污染指标主要考虑三废排放量（W_w）、噪声值（W_s），对人体健康的影响程度（H_e）。根据技术性的评价方法，可以对比建立环境因子 E_{ij}。而由对比关系可知，E_{ij} 的值越小，则说明再制造的环境性越好。

同时参照相关环境因素的评价，可以将第 i 条技术第 j 条工艺条件下的再制造在各方面减少的污染量转化为再制造所得到的环境收益 C_{eij}。

④ 确定再制造性量值。可以用所获得的利润值与产品总价值的比值来表示产品的再制造性能力的大小。通过对技术因子、经济因子、环境因子的求解，最后可获得在第 i 条技术第 j 条工艺情况下的再制造性量值 R_{nij}：

$$R_{(nij)} = \frac{C_{rij} + C_{eij} - C_{cij}}{C_{rij} + C_{eij}} = 1 - \frac{C_{cij}}{C_{rij} + C_{eij}} \tag{7-10}$$

显然，若 R_{nij} 的值介于 0 与 1 之间，值越大，则说明再制造性越好，其经济利润越好。

⑤ 确定最佳再制造度量值。通过反复循环求解，可求出在有效技术工艺下的再制造性量值集合：

$$R_{nb} = \max\{R_{n11}, R_{n12}, \cdots, R_{nij}, \cdots, R_{nnm}\} \tag{7-11}$$

式中　n——最大技术数量；

　　　m——最大工艺数量；

　　　R_n——再制造性量值；

　　　R_{nb}——最佳再制造性量值。

由式（7-11）可知共有（$n \times m$）种再制造方案，求解出（$n \times m$）个再制造性量值。其

中选择最大值的再制造工艺作为再制造方案。通过上述再制造性的评价方法，可以确定不同的再制造技术工艺路线，提供不同的再制造方案。通过确定最佳再制造量值，可以同时确定再制造方案。

3）风险和不确定性分析。对建立的假定和约束条件以及关键性变量的风险与不确定性进行分析。

风险是指结果的出现具有偶然性，但每一结果出现的概率是已知的。对于种类风险应进行概率分析。可采用解析方法和随机仿真方法。

不确定性是指结果的出现具有偶然性，且不知道每一结果出现的概率。对于各类重要的不确定性，应进行灵敏度分析。灵敏度分析一般是指确定一个给定变量的对输出影响的重要性，以确定不确定性因素的变化的分析结果的影响。

7.3.2 模糊综合评价法

产品再制造性的好与坏，是一个含义不确切、边界不分明的模糊概念。这种模糊性不是人的主观认识达不到客观实际所造成的，而是事物的一种客观属性，是事物的差异之间存在着中间过渡过程的结果。在这种情况下，可以运用模糊数学知识来解决难以用精确数学描述的问题。再制造性评价也可以采用模糊综合评价法进行，其基本步骤如下：

1. 建立因素集

产品的再制造性影响因素非常复杂，然而在评价时，不可能对每个影响产品再制造性的因素逐个进行评价，为了不影响评价结果的合理性和准确性，必须把主要影响因素确定为论域 U 中的元素，构成因素集，假设有 n 个因素，若依次用 u_1，u_2，$\cdots$，u_n 表示，则论域 $U = \{u_1, u_2, \cdots, u_n\}$，即因素集。显然论域中的各元素对产品再制造性有不同的影响。

2. 建立权重集

由于论域中的每个元素的功能不同，应根据各元素功能的重要程度不同，分别赋予不同权重，即权重分配系数。上述各元素所对应的权重系数分配为：$u_1 \rightarrow b_1$，$u_2 \rightarrow b_2$，$\cdots$，$u_n \rightarrow b_n$，即权重集：

$$B = \{b_1, b_2, \cdots, b_n\}$$

各权重系数应满足

$$b_i \geqslant 0, \ 且 \sum_{i=1}^{n} b_i = 1$$

3. 建立评价集

即对评价对象可能下的评语。$V = \{V_1, V_2, \cdots, V_m\}$，如四级评分制，评价集 $V = \{$优秀、良好、及格、不及格$\}$。

4. 模糊评价矩阵 R

这是一个由因素集 u 到评价集 V 的模糊映射（也可看作是模糊变换），其中元素 r_{ij} 表示从第 i 个因素着眼对某一对象做出第 j 种评语的可能程度。如果固定 i，$(r_{i1}, r_{i2}, \cdots)$ 就是 V 上的一个模糊集，表示从第 i 个因素着眼对于某对象所做出的单因素评价。模糊评价矩阵为

$$R = \begin{bmatrix} r_{11} & r_{12} & \cdots & r_{1m} \\ r_{21} & r_{22} & \cdots & r_{2m} \\ \vdots & \vdots & & \vdots \\ r_{n1} & r_{n2} & \cdots & r_{nm} \end{bmatrix}$$

5. 整体综合评价

对权重集 B 和模糊评价矩阵 R 进行模糊合成，得到模糊评价集的隶属函数：

$$C = B \cdot R$$

所得数值 C 就是产品的再制造性评价值，与评价集 V 中的评价范围对照，即可得到产品再制造性的评价等级。

7.3.3 层次分析法

产品再制造性评估也可采用层次分析法进行。层次分析法（Analytic Hierarchy Process, AHP）是美国匹兹堡大学教授 T. L. Saaty 提出的一种系统分析方法。它是一种定量与定性相结合，将人的主观判断用数量形式表达和处理的方法。其基本思想是把复杂问题分解成多个组成因素，又将这些因素按支配关系分组形成递阶层次结构，按照一定的比例标度，通过两两比较的方式确定各个因素的相对重要性，构造上层因素对下层相关因素的判断矩阵，然后综合决策者的判断，确定决策方案相对重要性的总的排序。

在实际运用中，层次分析法一般可划分为四个步骤。

1. 建立系统的层次结构模型

在充分掌握资料和广泛听取意见的基础上，往往可将工程问题分解为目标、准则、指标、方案、措施等层次，并且可以用框图形式说明层次的内容、阶梯结构和各因素之间的从属关系。

2. 构造判断矩阵及层次单排序计算

判断矩阵元素的取值，反映了人们对各因素相对重要性的认识，一般采用 1~9 及其倒数的标度方法。当相互比较具有实际意义时，判断矩阵的相应元素也可取比值形式。判断矩阵的标度及含义见表 7-1。

表 7-1 判断矩阵的标度及含义

标度	含 义	标度	含 义
1	两因素相比，具有同样重要度	7	两因素相比，前者比后者强烈重要
3	两因素相比，前者比后者稍觉重要	9	两因素相比，前者比后者极端重要
5	两因素相比，前者比后者明显重要	2、4、6、8	上述相邻判断的中间值

3. 进行层次的总排序

计算同一层次所有因素相对最高层次（总目标）重要性的排序权值计算排序。这一过程是由最高层次到最低层次逐层进行的。

4. 一致性检验及调整

应用层次分析法，保持判断思维的一致性是非常重要的。为了评价单排序和总排序的计算结果是否具有满意的一致性，还应进行一定形式的检验。必要时，还应对判断矩阵做出调整。

7.3.4 基于模糊层次法的再制造性综合评价

产品的再制造性是一个复杂的系统，涉及因素多，而且数据缺乏，许多处于模糊的定性分析，因此，对其进行综合评价可采用模糊层次分析法。

1. 模糊层次分析法（FAHP）

模糊层次分析法是在传统层次分析方法的基础上，考虑人们对复杂事物判断的模糊性而引入模糊一致矩阵的决策方法，较好地解决了复杂系统多目标综合评价问题，是当前比较先进的评价方法。

对某一事物进行评价，若评价的指标因素有 n 个，分别表示为 u_1，u_2，u_3，$\cdots$，u_n，则这 n 个评价因素便构成一个评价因素的有限集合 $U = \{u_1, u_2, u_3, \cdots, u_n\}$。若根据实际需要将评语划分为 m 个等级，分别表示为 v_1，v_2，v_3，$\cdots$，v_m，则又构成一个评语的有限集合 $V = \{v_1, v_2, v_3, \cdots, v_m\}$。模糊层次综合评估模型建立步骤如下：

（1）确定评价因素集 U（论域） 根据目的与要求给出合适的评判因素并将评判因素分类，即

$$U = \{u_1, u_2, u_3, \cdots, u_n\} \tag{7-12}$$

（2）确定评价集 V（论域） 应尽可能地包含事物评价的各个方面，即

$$V = \{v_1, v_2, v_3, \cdots, v_m\} \tag{7-13}$$

（3）确定评价指标权重集 采用层次分析法来确定各指标的权重，步骤如下：

1）构造判断矩阵。以 a_{ij} 表示下层指标 i 和下层指标 j 两两比较的结果，那么 a_{ij} 的含义为

$$a_{ij} = \frac{i\text{指标相对于其所隶属的上层指标的重要性}}{j\text{指标相对于其所隶属的上层指标的重要性}} \tag{7-14}$$

a_{ij} 的取值可以采用 1~9 比例标度的方法（表 7-2），其全部的比较结果即构成了一个判断矩阵 A，此时判断矩阵 A 应具有性质：$a_{ii} = 1$，$a_{ij} = 1/a_{ji}$。

表 7-2 1~9 比例标度方法的标度值

标度	含　义	标度	含　义
1	i 指标与 j 指标同样重要	9	i 指标比 j 指标绝对重要
3	i 指标比 j 指标稍微重要	2、4、6、8	以上两个相邻判断折中的标度值
5	i 指标比 j 指标明显重要	倒数	反比较，即 j 指标与 i 指标比较
7	i 指标比 j 指标非常重要		

2）计算指标权重。根据判断矩阵 A，求出其最大特征根 $\lambda_{\max}$ 和所对应的特征向量 P，特征向量 P 即为各评价指标的重要性排序，再对特征向量 P 进行归一化处理后即可得到各级评价指标的权重向量，其中 $\sum_{i=1}^{n} w_i = 1$。

3）一致性检验。检验公式为：$CR = CI/RI$，其中 $CI = (\lambda_{\max} - n)/(n - 1)$。

RI 为判断矩阵的平均随机一致性指标，对于 1~7 阶判断矩阵，RI 的取值见表 7-3。

表 7-3　1~7 阶判断矩阵的 *RI* 值

n	1	2	3	4	5	6	7
RI	0	0	0.58	0.90	1.12	1.24	1.32

若计算出的 *CR* <0.1，即可认为判断矩阵的一致性可以接受，否则应对判断矩阵进行适当修改，直到取得满意的一致性。

（4）进行单因素模糊评判，并求得评价矩阵 **R**　对每一个因素 u_i 分别对其在评价集 V 的各方面进行单因素评价，形成单因素评价模糊子集。可以采用专家评价法确定各个指标的隶属度，邀请再制造领域专家若干名组成评价专家组，用打分方式表明各自评价。记 $c_{ij}(i = 1，2，\cdots，n；j = 1，2，\cdots，m)$ 为赞成第 i 项因素 u_i 的第 j 种评价 v_j 的票数，r_{ij} 为指标集合 U 中任一指标 u_i 对评价集 V 中元素的隶属度，有如下关系：

$$r_{ij} = \frac{c_{ij}}{\sum\limits_{j=1}^{m} c_{ij}}，\ i = 1，2，\cdots，n \qquad (7\text{-}15)$$

式中，$\sum\limits_{j=1}^{m} c_{ij}$ 为专家组人数。可以得出单因素隶属度矩阵 $\boldsymbol{R}_j$ 为

$$\boldsymbol{R}_j = \begin{bmatrix} r_{11} & \cdots & r_{1m} \\ \vdots & & \vdots \\ r_{n1} & \cdots & r_{nm} \end{bmatrix}$$

（5）综合评价矩阵 **R**　设模糊评价矩阵为 $\boldsymbol{R}_j$，权重向量为 $\boldsymbol{w}_i$，采用加权和算法得到一级综合评价结果 $\boldsymbol{B}_i$ 为

$$\boldsymbol{B}_i = \boldsymbol{w}_i \cdot \boldsymbol{R}_j \qquad (7\text{-}16)$$

（6）做模糊综合评价　将 $\boldsymbol{B}_i$ 作为一级评估的子集，组成模糊评价矩阵 $\boldsymbol{R} = \begin{bmatrix} \boldsymbol{B}_1 & \boldsymbol{B}_2 & \boldsymbol{B}_3 & \boldsymbol{B}_4 \end{bmatrix}^{\mathrm{T}}$，则模糊综合评价数学模型为

$$\boldsymbol{B} = \boldsymbol{w} \cdot \boldsymbol{R} \qquad (7\text{-}17)$$

对于因素众多的情况，可以采取多层次的模型，一般采取两层次模型。

2. 再制造性评价指标体系

评价指标体系的构建是实施科学评价的首要环节。如前所述，再制造性是产品本身的一种重要属性，并在再制造过程中体现出来。再制造性过程受技术、经济、环境、服役四个方面的影响，结合再制造实践分析，首先从技术性、经济性、环境性和服役性四个方面建立一级指标，然后对 4 个一级指标进一步分解，形成 14 个三级指标，构建的产品再制造性评价指标见表 7-4。

表 7-4　产品再制造性评价指标

目标层	一级指标	二级指标
产品的再制造性（U）	技术性（U_1）	模块化程度（U_{11}）
		标准化程度（U_{12}）
		可拆解性（U_{13}）
		资源保障性（U_{14}）
		技术成熟度（U_{16}）

（续）

目标层	一级指标	二级指标
产品的再制造性（U）	经济性（U_2）	升级成本（U_{21}）
		升级利润（U_{22}）
		环境效益（U_{23}）
	环境性（U_3）	材料再用率（U_{31}）
		能源节约率（U_{32}）
		三废减排量（U_{33}）
	服役性（U_4）	市场需求率（U_{41}）
		服役寿命（U_{42}）
		用户满意度（U_{43}）

3. 模糊层次综合评价在再制造性评价中的应用案例

某型产品的再制造性可以采用如下的模糊层次综合评价法。

（1）确定再制造性　根据前面的分析，该型产品再制造性评价指标因素集可分为一级指标集和二级指标集，见表 7-4。

（2）确定权重集　使用表 7-5 所示的 1~9 比例标度法，结合表 7-4 建立的评价指标层次结构，确定一级指标相对于目标层、二级指标相对一级指标的判断矩阵，见表 7-6~表 7-9。

表 7-5　准则层判断矩阵

U	U_1	U_2	U_3	U_4
U_1	1	4	8	3
U_2	1/4	1	3	1/2
U_3	1/8	1/3	1	1/8
U_4	1/3	2	8	1

表 7-6　技术性（U_1）判断矩阵

U_1	U_{11}	U_{12}	U_{13}	U_{14}	U_{15}
U_{11}	1	2	5	2	4
U_{12}	1/2	1	3	1	2
U_{13}	1/5	1/3	1	1/2	1/2
U_{14}	1/2	1	2	1	1/2
U_{15}	1/4	1/2	2	1/2	1

表 7-7 经济性（U_2）判断矩阵

U_2	U_{21}	U_{22}	U_{23}
U_{21}	1	1/4	1/2
U_{22}	4	1	2
U_{23}	2	1/2	1

表 7-8 环境性（U_3）判断矩阵

U_3	U_{31}	U_{32}	U_{33}
U_{31}	1	3	8
U_{32}	1/3	1	3
U_{33}	1/8	1/3	1

表 7-9 服役性（U_4）判断矩阵

U_4	U_{41}	U_{42}	U_{43}
U_{41}	1	2	1/2
U_{42}	1/2	1	1/4
U_{43}	2	4	1

计算各二级指标和一级指标相对评估目标的权重，并进行一致性验证。

例如，对于判断矩阵 $U = \begin{bmatrix} 1 & 4 & 8 & 3 \\ 1/4 & 1 & 3 & 1/2 \\ 1/8 & 1/3 & 1 & 1/8 \\ 1/3 & 2 & 8 & 1 \end{bmatrix}$，其计算结果归一化后 $W =$

$[0.5748 \quad 0.1437 \quad 0.0630 \quad 0.2184]$，其最大特征值为 4.0517，$CI = 0.0172$，$RI = 0.90$，$CR = 0.0194 < 0.10$。

同理，二级指标权重计算及其一致性检验如下：

$U_1 = [0.4073 \quad 0.2112 \quad 0.0748 \quad 0.1948 \quad 0.1119]$，$\lambda_{max} = 5.0415$，$CI = 0.0104$，$RI = 1.12$，$CR = 0.0093 < 0.10$。

$U_2 = [0.1429 \quad 0.5714 \quad 0.2857]$，$\lambda_{max} = 3.0000$，$CI = 0.0000$，$RI = 0.58$，$CR = 0.0000 < 0.10$。

$U_3 = [0.6817 \quad 0.2363 \quad 0.0819]$，$\lambda_{max} = 3.0015$，$CI = 0.0008$，$RI = 0.58$，$CR = 0.0015 < 0.10$。

$U_4 = [0.2857 \quad 0.1429 \quad 0.5714]$，$\lambda_{max} = 3.0000$，$CI = 0.0000$，$RI = 0.58$，$CR = 0.0000 < 0.10$。

（3）确定评价集 根据经验和现实需求确定评价集为 4 个等级，即

$$V = \{v_1, v_2, v_3, v_4\} = \{优秀，良好，一般，较差\}$$

邀请长期从事该领域再制造的 20 位专家组成评价组，采用投票的方式对该型产品进行

再制造性评价，评价结果见表 7-10。

表 7-10 各指标专家评价结果

属性指标	评价结果（票数）			
	优秀	良好	一般	较差
U_{11}	9	8	2	1
U_{12}	5	11	3	1
U_{13}	6	9	3	2
U_{14}	12	6	2	0
U_{15}	14	4	2	0
U_{21}	9	7	3	1
U_{22}	6	9	4	1
U_{23}	12	5	3	0
U_{31}	4	8	3	5
U_{32}	5	7	4	4
U_{33}	4	9	5	2
U_{41}	12	6	2	0
U_{42}	7	6	5	2
U_{43}	8	5	4	3

（4）单因素隶属度矩阵计算 根据式（7-16），由表 7-10 可计算出各影响因素的隶属度微量，得到单因素隶属度矩阵。以"技术性"因素为例，得到的隶属度矩阵为

$$
U_1 = \begin{bmatrix} 0.45 & 0.40 & 0.10 & 0.05 \\ 0.25 & 0.55 & 0.15 & 0.05 \\ 0.30 & 0.45 & 0.15 & 0.10 \\ 0.60 & 0.30 & 0.10 & 0 \\ 0.70 & 0.20 & 0.10 & 0 \end{bmatrix}
$$

根据式（7-16），可得

$$
U_1 = w_1 \cdot R_1 = \begin{bmatrix} 0.4073 \\ 0.2112 \\ 0.0748 \\ 0.1948 \\ 0.1119 \end{bmatrix}^{\mathrm{T}} \cdot \begin{bmatrix} 0.45 & 0.40 & 0.10 & 0.05 \\ 0.25 & 0.55 & 0.15 & 0.05 \\ 0.30 & 0.45 & 0.15 & 0.10 \\ 0.60 & 0.30 & 0.10 & 0 \\ 0.70 & 0.20 & 0.10 & 0 \end{bmatrix}
$$

$$
= \begin{bmatrix} 0.4537 & 0.3936 & 0.1143 & 0.0384 \end{bmatrix}
$$

同理可得：

$$
U_2 = w_2 \cdot R_2 = \begin{bmatrix} 0.4071 & 0.3786 & 0.1786 & 0.0357 \end{bmatrix}
$$

$$
U_3 = w_3 \cdot R_3 = \begin{bmatrix} 0.2118 & 0.3922 & 0.1700 & 0.2259 \end{bmatrix}
$$

$$
U_4 = w_4 \cdot R_4 = \begin{bmatrix} 0.4500 & 0.2714 & 0.1786 & 0.1000 \end{bmatrix}
$$

（5）综合评价 U 的模糊评价的隶属度矩阵 $U = \begin{bmatrix} U_1 & U_2 & U_3 & U_4 \end{bmatrix}$，则总的评价结果为

$$U = w \cdot R = \begin{bmatrix} 0.5748 \\ 0.1437 \\ 0.0630 \\ 0.2184 \end{bmatrix}^{\mathrm{T}} \cdot \begin{bmatrix} 0.4537 & 0.3936 & 0.1143 & 0.0384 \\ 0.4017 & 0.3786 & 0.1786 & 0.0357 \\ 0.2118 & 0.3922 & 0.1700 & 0.2259 \\ 0.4500 & 0.2714 & 0.1786 & 0.1000 \end{bmatrix}$$

$$= \begin{bmatrix} 0.4301 & 0.3646 & 0.1411 & 0.0633 \end{bmatrix}$$

为将最后得到的总评价集中的四个等级的权重分配转化为一个总分值，将评价的等级进行量化处理，以百分制为4个等级分别赋值：优秀（90~100分，取95分），良好（80~89分，取85分），一般（65~79分，取72分），较差（50~64分，取57分）。则该型产品的再制造性综合评价值 R_{au} 为

$$R_{\mathrm{au}} = 95 \times 0.4301 + 85 \times 0.3646 + 72 \times 0.1411 + 57 \times 0.0633 = 85.6176$$

根据再制造性评价标准表，可知该型产品的再制造性处于良好水平，需要根据各评价指标的权重按序改进设计方案，提高易于再制造的能力。

7.4 汽车发动机再制造性评价应用

7.4.1 废旧产品再制造性评价研究情况

国内一些学者已经开展了再制造性评价的建模与应用研究。Bras 等学者[6,7]从产品设计的角度考虑产品的再制造性，他们从再制造的工艺过程，即拆卸、清洗、检测、修复或更换、再装配和测试等方面提出了对再制造性定量的评估方法，以此衡量和评估产品再制造设计特性，并指导设计。但该模型只适合于产品设计具体化以后进行，而且没有考虑经济和环境等影响因素，具有一定的缺陷。

我国学者钟俊杰等在 Bras 的再制造性评价模型基础上，建立了再制造性的综合指标评价方式[8]。以此为基础，张国庆等人构建了产品再制造性的评价模型结构，并进行了汽车发动机再制造性评价应用，本节重点对该评价案例进行引用介绍[9]。

7.4.2 评价产品再制造性的方法和模型

产品再制造性评价需要综合评定再制造工艺过程的装配、拆解、清洗、检测、加工维修、检查、修复和零部件替换等的经济性、技术性（可行性和效率），因此模型分经济性评价和技术性评价两大模块。产品再制造性的评价模型结构如图 7-5 所示。

1. 技术性模型

关键零件在评价再制造性方面有着举足轻重的作用，因此要对其单独考虑。再制造工艺过程一般包括替换（重点）、拆解、再装配、检测、检查、替换（基本）、修复、清洗。这8个工艺过程之间存在重叠现象，必须消除这些重叠，使其成为相互独立的几个方面以便于评价。因此将其归类为4个独立的方面，并发展相应的评价准则。这4个方面是：①零件连接，由拆解和再装配评价准则组成；②质量确保，由检查和检测评价准则组成；③损坏修复，由替换（基本）和修复评价准则组成；④清洗。

替换（重点）、拆解、再装配、检测、检查、替换（基本）、修复和清洗的评价指数可以通过理想参数与实际参数之比来计算[9]。

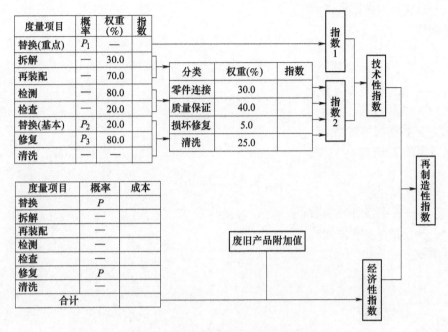

图 7-5 产品再制造性的评价模型结构[9]

替换（重点）指数

$$\mu_K = 1 - \frac{n_{KR}}{n_K} \qquad (7-18)$$

式中 n_{KR}——关键零件替换数；

$\quad n_K$——关键零件数。

拆解指数

$$\mu_D = \frac{n_I t_{ID}}{t_{AD}} \qquad (7-19)$$

式中 n_I——理想零件数；

$\quad t_{ID}$——理想拆解时间；

$\quad t_{AD}$——实际拆解时间。

再装配指数

$$\mu_R = \frac{n_I t_{IA}}{t_{AA}} \qquad (7-20)$$

式中 t_{IA}——理想装配时间；

$\quad t_{AA}$——实际装配时间。

检测指数

$$\mu_T = \frac{n_T t_{IT}}{t_{AT}} \qquad (7-21)$$

式中 n_T——检测件数；

$\quad t_{IT}$——理想检测时间；

t_{AT}——实际检测时间。

检查指数

$$\mu_{I} = \frac{n_{II}}{n - n_{R}} \tag{7-22}$$

式中 n_{II}——理想检查零件数；

      n——零件数；

      n_{R}——被替换零件数。

替换（基本）指数

$$\mu_{BR} = 1 - \frac{n_{R} - n_{KR}}{n} \tag{7-23}$$

式中 n_{KR}——关键零件替换数；

      n_{R}——被替换零件数。

修复指数

$$\mu_{RF} = 1 - \frac{n_{RF}}{n} \tag{7-24}$$

式中 n_{RF}——修复件数目。

清洗指数

$$\mu_{C} = \frac{n_{I} \times 1}{s_{C}} \tag{7-25}$$

式中 s_{C}——清洗分数。

技术性指数

$$\mu_{T} = \mu_{KR} \left(\sum_{j} \frac{W_{j}}{\mu_{j}} \right)^{-1} \tag{7-26}$$

式中 W_{j}——权重；

      μ_{j}——再制造 8 个工艺的指数。

2. 经济性模型

技术性指数是 0 与 1 之间的数，反映了技术上的可行度高低，而在经济性上只考虑可行与不可行，即经济性指数 μ_{E} 只取 0 或 1。

$$\mu_{E} = F(x) = \begin{cases} 0, & x < 0 \\ 1, & x \geqslant 0 \end{cases} \tag{7-27}$$

$$x = C_{A}/C - 1$$

式中 C_{A}——废旧产品附加值，$C_{A} = \sum_{j} (1 - \lambda) p_{i} m_{i}$；

      p_{i}——代码为 i 的可利用的被修复或修理的零件的价格；

      m_{i}——代码为 i 的零件的个数；

      λ——材料在零件价格中所占的比例；

      C——成本，$C = \sum_{j} P_{j} C_{j} + C_{g}$；

      C_{g}——获得废旧产品所需要的费用；

      C_{j}——拆解、清洗、检查、修复、替换、检测、再装配的成本；

      P_{j}——对应的概率。

3. 再制造性指数计算

综上所述，再制造性指数为

$$\mu_R = \mu_T \mu_E \qquad (7\text{-}28)$$

7.4.3 汽车发动机评价方法及过程

汽车发动机是用来再制造的典型产品之一，根据收集到的有关资料和估算取经济性指数 $\mu_E = 1$。下面以某型发动机为例介绍技术性的评价过程和技术性指数的计算。

1. 确定理想零件数

根据相关文献，一个零件在理论上是否有必要再制造，至少需要满足下列准则之一：①除非要考虑大范围的移动，小的移动只需要使零件有弹性即可；②为达到设计要求，零件必须由具有特定性能的材料制作；③为便于装配或拆解而采用的零件；④为将磨损转移到附加值比较低的零件上而使用的零件。

理想零件的判断准则及其结果见表 7-11。

表 7-11 理想零件的判断准则及其结果[9]

序号	零件名称	零件数	对下列问题回答是（Y）或否（N）				理想零件数
			有比较大的相对运动吗？	需要特定材料吗？	为便于装配或拆解吗？	为将磨损转移吗？	
1	水泵传动带	1	Y	Y	N	N	1
2	空调机传动带	1	Y	Y	N	N	1
3	发电机	1	N	N	N	N	1
4	空调压缩机	1	N	N	N	N	0
5	空气压缩机支架	1	N	N	N	N	0
6	分电器总成	1	N	Y	N	N	1
7	气门室罩盖	1	N	N	Y	N	1
8	进气歧管	1	Y	N	N	N	1
9	排气歧管	1	Y	N	N	N	1
10	气门摇臂	8	Y	N	N	N	1
11	气门锁块	1	Y	N	N	N	1
12	气门推杆	8	Y	N	N	N	1
13	水泵带轮	1	Y	Y	N	N	1
14	水泵	1	N	Y	N	N	1
15	化油器	1	N	Y	N	N	1
16	离合器压盘组件	1	Y	N	N	N	1
17	离合器摩擦片	1	N	N	N	Y	1
18	气缸盖	1	N	N	Y	N	1
19	发动机支架	2	N	N	Y	N	1
20	汽油泵	1	N	Y	N	N	1
21	起动电动机	1	N	Y	N	N	1

（续）

序号	零件名称	对下列问题回答是（Y）或否（N）					
		零件数	有比较大的相对运动吗？	需要特定材料吗？	为便于装配或拆解吗？	为将磨损转移吗？	理想零件数
22	油底壳	1	N	N	Y	N	1
23	机油标尺	1	N	N	N	N	0
24	机油泵	1	N	Y	N	N	1
25	飞轮	1	Y	N	N	N	1
26	曲轴带轮	1	Y	N	N	N	1
27	活塞	4	Y	N	N	N	1
28	连杆	4	Y	N	N	N	1
29	气门推杆侧盖	1	Y	N	N	N	1
30	机油滤清器	1	N	Y	N	N	1
31	曲轴	1	Y	N	N	N	1
32	凸轮轴（含正时齿轮）	1	Y	N	N	N	1
33	气门阀	8	Y	N	N	N	1
34	发动机壳体	1	N	N	Y	N	1
合计		53					

2. 清洗分数的确定

清洗是去除零件上其他不利于再制造的残留物的过程，这些残留物包括油、润滑油、废屑、铁锈、污渍、灰尘等，可将其分为疏松的堆积、干黏附物、含油堆积物以及油类四类。清洗是再制造过程中最重要的工艺之一，而且一般投资也比较大。

清洗的方法有吹、擦、烘焙和洗4种。这4种方法投资大小不同，适用于清洗不同的残留物。根据清洗方法的投资不同，比较表7-12的行和列，得出优先矩阵：①清洗方法（行）比清洗方法（列）投资大得多，5分；②清洗方法（行）比清洗方法（列）投资大，3分；③清洗方法（行）比清洗方法洗方法（列）投资相同，1分；④清洗方法（行）比清洗方法（列）投资小，1/3分；⑤清洗方法（行）比清洗方法（列）投资小得多，1/5分。

表7-12 清洗分数的确定[9]

	吹	擦	烘焙	洗	分数	相对重要度（%）	近似清洗分数	清洗分数	代码
吹	1.0	0.3	0.2	0.2	1.7	7	1.00	1	A
擦	3.0	1.0	0.3	0.3	4.6	18	2.71	3	B
烘焙	5.0	3.0	1.0	1.0	10.0	38	5.88	6	C
洗	5.0	3.0	1.0	1.0	10.0	38	5.88	6	D
合计					26.3	100	15.47		

最小投资方法（吹）的分数取1，其他方法的分数可以按同样的比例标定，得到近似清洗分数。圆整小数位，得到清洗分数。

清洗分数的确定是根据每个零件的清洗方法标定相应的代码（有利于编程）和对应的分数。

3. 其他有关数据的统计和结果

其他有关数据的统计和结果见表 7-13。

表 7-13　其他有关数据的统计和结果[9]

序号	零件名称	零件数	修复零件数	替换零件数	理想检查零件数	关键件替换数	关键零件数	拆解时间/min	装配时间/min	清洗代码	清洗时间/min	清洗分数
1	水泵传动带	1	0	0	1	0	0	0.5	0.5			
2	空调机传动带	1	0	0	1	0	0	0.5	0.5			
3	发电机	1	0	0	1	0	1	3	3			
4	空调压缩机	1	0	0	1	0	1	2				
5	空气压缩机支架	1	1	0	1	0	0	3	3	A	0.5	1
6	分电器总成	1	1	0	1	0	0	1.5	1.5			
7	气门室罩盖	1	0	1	0	0	0	2	2			
8	进气歧管	1	1	0	1	0	0	7	8	D	1	6
9	排气歧管	1	1	0	1	0	0	2	2.5	D	1	6
10	气门摇臂	8	0	1	0	0	0	0.4	0.5	A	0.5	1
11	气门锁块	1	0	0	1	0	0	0.4	0.5	A	0.6	1
12	气门推杆	8	0	1	0	0	0	0.2	0.2	A	0.5	1
13	水泵带轮	1	0	0	1	0	0	1.2	1	C	0.5	3
14	水泵	1	0	1	0	0	0	2	2			
15	化油器	1	0	0	1	0	0	3	3.2	D	1	6
16	离合器压盘组件	1	1	0	1	0	0	4	4.5	A	1.5	1
17	离合器摩擦片	1	0	1	0	0	0	4	4.5			
18	气缸盖	1	1	0	1	0	1	12	12	D	16	6
19	发动机支架	2	0	0	1	0	0	1.5	1.5	A	1	1
20	汽油泵	1	0	0	1	0	0	2	2	A	2	1
21	起动电动机	1	0	0	1	0	1	4	4	A	8	1
22	油底壳	1	1	0	1	0	0	8	7	D	18	6
23	机油标尺	1	0	0	1	0	0	1	1	D	2	6
24	机油泵	1	0	0	1	0	0	2	2	D	5	6
25	飞轮	1	1	0	1	0	0	4	4	A	1	1
26	曲轴带轮	1	0	0	1	0	0	5	5	A	1.5	1
27	活塞	4	0	1	0	0	1	4	5			
28	连杆	4	1	0	1	0	1	4	4	D	3	6

（续）

序号	零件名称	零件数	修复零件数	替换零件数	理想检查零件数	关键件替换数	关键零件数	拆解时间/min	装配时间/min	清洗代码	清洗时间/min	清洗分数
29	气门推杆侧盖	1	0	0	1	0	1	5	5	D	2	6
30	机油滤清器	1	0	1	0	0	0	2	2			
31	曲轴	1	1	0	1	0	1	6	7	D	2	6
32	凸轮轴（含正时齿轮）	1	0	0	1	0	1	4	4	A		
33	气门阀	8	0	1	0	0	0	0.2	0.5			
34	发动机壳体	1	1	0	1	0	1			D	64	6

零件数、理想零件数、替换零件数等主要数据见表 7-14。

表 7-14　零件数、理想零件数、替换零件数等主要数据

零件数	56	检测零件数	15
关键件数	10	理想检查零件数	24
理想零件数	53	拆解时间/min	90.9
替换零件数	31	装配时间/min	95.9
替换关键件数	0	拆解时间/min	45
修复件数	12	清洗分数	79

4. 再制造性指数计算

发动机再制造技术性指数计算如图 7-6 所示。其中，理想拆解和理想装配时间均取 1.5min；理想检测时间取 2.5min。最后得到该发动机的再制造性指数

$$\mu_R = \mu_T\mu_E = 0.77 \times 1 = 0.77$$

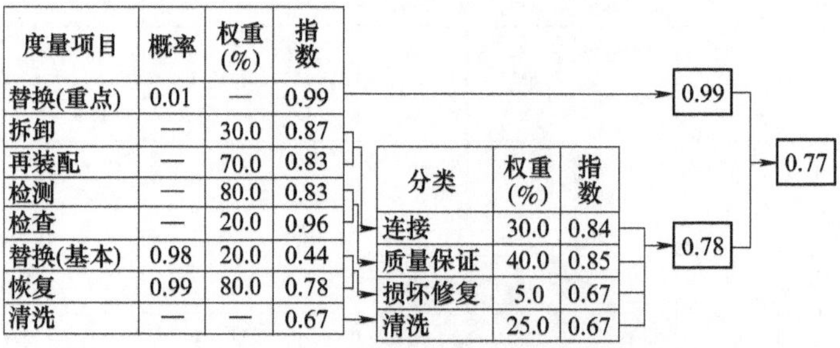

图 7-6　发动机再制造技术性指数计算[9]

通过以上对汽车发动机的再制造性进行系统评价，结果表明汽车发动机具有良好的再制造性。但是该评价模型具有一定的局限性，它只适合于产品设计具体化以后，即产品的零件数要已知，模型没有考虑其他影响因素，如环境因素等，模型是在目前常用的生产条件下发展的，不适合相差比较大的生产条件。

7.5　机械产品再制造性评价技术规范

为了促进再制造生产企业对产品再制造性评价应用，我国制定了国家标准 GB/T 32811—2016《机械产品再制造性评价技术规范》，该标准于 2016 年 9 月发布，于 2017 年 3 月执行，主要确定了机械产品再制造性定性与定量评价规范，适用于再制造企业的机械产品再制造性评价，其设计部门的再制造性设计评价也可参考使用。该标准的主要内容如下[10]：

7.5.1　再制造性评价总则

1）机械产品再制造性评价的目的是确定退役机械产品及（或）其零部件所具有的实际再制造性；对产品设计时的固有再制造性达标情况进行评估并对所暴露问题进行纠正。

2）该标准主要是对废旧机械产品及（或）其零部件再制造前的实际再制造性值进行评价。

3）再制造性评价的对象既可以是产品总成，也可以是产品的零部件。

4）再制造性评价应依据再制造方案开展，结合再制造商所提供的保障设备、技术手段、再制造后产品性能要求等实际执行时的条件而定。

5）机械产品的再制造性评价具有个体性，受不同的产品个体服役条件的影响，通常服役时间长、服役工况恶劣的产品，由于失效形式复杂会造成再制造性较差；受再制造生产条件的限制，通常技术条件保障好的再制造生产，其再制造性较好。

6）机械产品再制造性评价由定性评价和定量评价两部分组成。

7）产品的再制造性由再制造时的工艺技术可行性、经济可行性、环境可行性和再制造后的服役性综合确定。

8）机械产品再制造的技术性要求废旧产品进行再制造加工在技术及工艺上可行，可以通过原产品恢复、升级恢复或提高原产品性能，其常用参数指标包括可拆解率、清洗满足率、故障检测率等。

9）机械产品再制造的经济可行性要求进行废旧产品再制造所投入的资金成本小于其产出获得的经济效益，其利润率满足企业要求。

10）机械产品再制造的环境可行性要求进行废旧产品再制造加工过程及再制造产品使用过程产生的环境污染影响小于原产品生产及使用所造成的环境污染影响。

7.5.2　机械产品再制造性定性评价

对已经报废或使用过的旧产品进行再制造，可首先进行再制造性的定性评价。再制造性好的产品一般应满足功能性、经济性、市场性、环境性等条件，主要有以下定性要求：

1）产品具有成熟的进行再制造恢复或升级技术，能够满足再制造毛坯运输、拆解、清洗、检测、加工、装配等再制造工艺要求。

2）再制造毛坯具有一定的数量和质量，满足再制造生产线的批量化加工需求。

3）再制造毛坯具有较高的附加值，并且能够通过再制造实现恢复。

4）再制造毛坯应实现标准化生产，零件具有互换性，备件易于从市场获取。

5）再制造产品具有明确的市场需求。

6）用户认可再制造产品，并具有购买再制造产品的意愿。

7）再制造生产不违反其他国家相关规定，如不涉及知识侵权、不违反环境要求等。

7.5.3 机械产品再制造性定量评价

1. 机械产品再制造技术性评价参数

（1）可拆解率 可拆解率（R_d）是指能够无损拆解所获得的零件与全部零件数量的比值。其计算公式为

$$R_d = \frac{Q_{nd}}{Q_{rd}} \times 100\% \tag{7-29}$$

式中 Q_{nd}——无损拆解的零件数量；
Q_{rd}——产品含有的零件总数。

可拆解率值越大，表明产品的可拆解性越好，则其再制造性也越好。产品的可拆解率需要综合考虑相应的零部件价值、拆解时间、拆解成本、拆解设备等因素，在具体进行拆解分析时可根据实际情况进行选择，并做出明确说明。

（2）清洗满足率 清洗满足率（R_c）是指能够通过清洗满足零件要求的零件数量与所有需清洗零件数量的比值。其计算公式为

$$R_c = \frac{Q_{nc}}{Q_{rc}} \times 100\% \tag{7-30}$$

式中 Q_{nc}——清洗后满足清洁度要求的零件数量；
Q_{rc}——产品含有的需清洗零件总数。

清洗满足率越高，表明能够在再制造产品中使用的废旧产品的零件数量越多，则其再制造性也越好。产品的清洗满足率需要综合考虑清洗时间、清洗成本、清洗设备、环境影响等因素，在具体进行清洗分析时可根据实际情况进行选择，并做出明确说明。

（3）故障检测率 故障检测率（R_i）是指毛坯在给定的一系列条件下，被测单元在规定的工作时间 T 内，由操作人员和（或）其他专门人员通过直接观察或其他规定的方法正确检测出的故障数实际发生的故障总数的比值。其计算公式为

$$R_i = \frac{N_D}{N_T} \times 100\% \tag{7-31}$$

式中 N_D——正确检测出的故障数；
N_T——实际发生的故障总数。

故障检测率越高，表明产品再制造的质量越稳定，则其再制造性也越好。产品的故障检测率需要综合考虑检测时间、检测成本、检测设备等因素，在具体进行检测分析时可根据实际情况进行选择，并做出明确说明。

2. 机械产品再制造经济性评价参数

（1）利润率 利润率（R_e）是单个再制造产品通过销售获得的净利润与投入成本间的比值。其计算公式为

$$R_e = \frac{R_b}{R_c} \times 100\% \tag{7-32}$$

式中 R_b——再制造产品通过销售获得的净利润；

R_c——产品再制造投入成本。

（2）价值回收率　价值回收率（R_{cb}）是指回收的零部件价值占再制造产品总价值的比值。其计算公式为

$$R_{cb} = \frac{R_{rc}}{R_{pc}} \times 100\% \tag{7-33}$$

式中　R_{rc}——回收的零部件价值；

R_{pc}——再制造产品总价值。

价值回收率衡量再制造的经济效益，与再制造过程中的技术投入及再制造产品的属性有关。

（3）环境收益率　环境收益率（R_{ec}）是通过再制造减免的环境污染费用等直接环境经济效益和因再制造所获得的间接经济效益之和与净利润的比值。其计算公式为

$$R_{ec} = \frac{R_{dc} + R_{jc}}{R_b} \times 100\% \tag{7-34}$$

式中　R_{dc}——直接环境经济效益；

R_{jc}——间接环境经济效益；

R_b——再制造净利润。

环境收益率衡量再制造所获得的环境经济效益，与再制造过程中的技术投入及再制造产品的属性有关。

（4）加工效率　加工效率（R_m）是衡量再制造加工环节的时间性的指标，可以用废旧产品再制造生产时间与制造时间的比值来表示。其计算公式为

$$R_m = \frac{T_r}{T_m} \times 100\% \tag{7-35}$$

式中　T_r——产品再制造平均加工时间；

T_m——新品制造所需的平均加工时间。

产品的加工效率需要考虑相应的生产设备、产品性能与成本价格等因素，在具体进行加工效率评估时可根据实际情况进行选择，并做出明确说明。

3. 机械产品再制造环境性评价参数

（1）节材率　废旧整机拆解后的零部件分成可再制造件、直接利用件和弃用件。

节材率（R_{ma}）是再制造件和直接利用件质量之和与整机质量的比值。其计算公式为

$$R_{ma} = \frac{W_{rm} + W_{ru}}{W_p} \times 100\% \tag{7-36}$$

式中　W_{rm}——可再制造件质量；

W_{ru}——可利用件质量；

W_p——整机质量。

通常来说，节材率与再制造技术相关，选用先进的再制造技术，可以提高节材率，进而提高再制造的环境性。

（2）节能率　再制造以废旧产品为毛坯，进行加工生产，不需要经过回炉处理，可节约大量能量。通常再制造节能率越高，其节能越多，环境性越好，再制造性越好。

节能率（R_{re}）是再制造节约的能量与废旧产品报废处理所消耗的能量的比值。其计算

公式为

$$R_{re} = \frac{PW_{md} - PW_{rm}}{PW_{md}} \times 100\% \tag{7-37}$$

式中　PW_{md}——废旧产品报废处理耗能；

　　　PW_{rm}——再制造耗能。

（3）CO_2 减排率　与废旧毛坯经回炉成原始材料再加工成零部件相比，再制造可大量减少 CO_2 排放，可用 CO_2 减排率来表示。再制造所回收材料率越高，通常其减少废气排放量越多，则其环境性越好，再制造性越好。

CO_2 减排率（R_{rq}）是通过再制造减少的 CO_2 排放量与对废旧产品进行报废处理产生的 CO_2 排放量的比值。其计算公式为

$$R_{rq} = \frac{E_{md} - E_r}{E_{md}} \times 100\% \tag{7-38}$$

式中　E_{md}——报废处理产生的 CO_2 排放量；

　　　E_r——再制造产生的 CO_2 排放量。

7.5.4　机械产品再制造性评价流程

1. 废旧产品的失效模式分析

1）应根据废旧产品的失效模式及可行的再制造方案进行再制造性评价。

2）废旧产品的失效模式分析应考虑以下原因：产品产生不能修复的故障（故障报废）、产品使用中费效比过高（经济报废）、产品性能落后（功能报废）、产品的污染不符合环保标准（环境报废）、产品款式等不符合人们的爱好（偏好报废）。

2. 机械产品再制造性影响因素分析

1）产品再制造的技术可行性、经济可行性、环境可行性、产品服役性等影响因素的综合作用决定了废旧产品的再制造性，四者之间也相互产生影响。

2）再制造性的技术可行性、经济可行性、环境可行性内容要求参见上一节评价参数，不同的技术工艺路线又对再制造的经济性、环境性和产品的服役性产生影响。

3）再制造产品的服役性指再制造产品本身具有一定的使用性能，能够满足相应市场需要。再制造产品的服役性由所采用的再制造技术方案确定，也直接影响着其环境性和经济性。

4）再制造生产时保障条件的优劣对再制造性产生直接的影响，保障条件包括设备情况、人员技术水平、技术应用情况、生产条件等内容。

5）根据以上技术性、经济性、环境性的确定需求，通过失效模式预测分析与实物试验相结合的方式，进行各项量化评价参数的确定。

3. 再制造定量评价流程

废旧产品的再制造性定量评价流程如下：首先根据服役性能要求和失效模式，进行再制造技术方案选择，其次进行再制造方案的经济性和环境性评价，最后通过多次反复评价对比，求解出最佳再制造方案。

废旧产品的再制造性具有个体性，不同的失效模式、不同的保障条件，其再制造性具有明显不同。

不同种类的废旧产品其再制造性一般不同，即使同类型的废旧产品，因为产品的工作环境及用户不同，其导致废旧产品的失效退役方式也多种多样，直接导致了同类产品具有不同的再制造性值。

废旧产品的再制造性定量评价是一个系统工程，建立合适的再制造性评价方法是科学开展再制造工程的前提。

目前废旧产品再制造性定量评估通常可采用方费用-环境-性能综合评价法、模糊综合评价法、层次分析法等来完成，具体参见相关资料。

4. 再制造性评价结果的使用

1）根据评价结果，决策是否进行再制造。

2）对于具有再制造价值的废旧产品，利用评价过程中的各因素决策优化因素，制订最优化的再制造方案。

参 考 文 献

[1] ZHU S, CUI P Z, YAO J K. Remanufacturability and assessment method [J]. Transactions of Materials and Heat Treatment, 2004, 25 (5)：1309-1312.

[2] STEINHILPER R. 再制造：再循环的最佳形式 [M]. 朱胜，姚巨坤，邓流溪，译. 北京：国防工业出版社，2006.

[3] Robot T L. The remanufacturing industry-hidden giant [J]. Research Report, 1996：47-51.

[4] 朱胜，徐滨士，姚巨坤. 再制造设计基础与方法 [J]. 中国表面工程. 2003, 16 (3)：27-31.

[5] 朱胜，姚巨坤. 再制造设计理论及应用 [M]. 北京：机械工业出版社，2009.

[6] BRAS B, HAMMOND R. Towards design for remanufacturing-metrics for assessing remanufacturability [C]. Proceedings of the 1st International, Eindhoven, The Netherlands, 1996：5-22.

[7] AMEZQUITA T, HAMMOND R, SALAZAR M, et al. Characterizing the remanufacturability of engineering [C]. Proceedings ASME Advances in Design Automation Conference, Boston, Massachusetts, September 17-20, 1995 (82)：271-278.

[8] 钟骏杰，范世东，姚玉南，等. 再制造性综合评估研究 [J]. 中国机械工程，2003, 14 (24)：2110-2113.

[9] 张国庆，荆学东，浦耿强，等. 汽车发动机可再制造性评价 [J]. 中国机械工程，2005, 16 (8)：739-742.

[10] 全国绿色制造技术标准化技术委员会. 机械产品再制造性评价技术规范：GB/T 32811—2016 [S]. 北京：中国标准出版社，2017.

第8章

再制造性控制及管理

8.1 产品制造中的再制造性控制

产品制造过程中的再制造性控制，是指从原材料入厂到形成最终产品出厂的整个产品制造过程中，为实现设计所确定的再制造性指标而进行的控制管理活动，这是保证产品固有再制造性的关键。通过有关的质量控制和再制造性管理，可以最大限度地排除和控制各种不可靠因素，保证实现设计的固有再制造性。参考对产品可靠性、维修性管理的相关内容[1]，可以建立产品再制造性控制及管理的相关内容。

8.1.1 产品制造中的再制造性控制的意义

在产品的制造过程中，要求在满足可靠性、维修性等设计属性的同时，还要保证提出的再制造性设计指标，满足再制造能力要求。再制造性设计可以提升产品寿命末端时的再制造能力，提高再制造效益，但再制造性设计内容要通过产品制造过程来保证实现。因此，产品设计阶段的再制造性设计与产品制造阶段的再制造性实现，共同决定了产品出厂后的固有再制造性。

设计阶段的再制造性，如果在制造阶段无法落实，或者由于生产制造或检验的不可靠造成产品缺陷，则必然会导致再制造性降低。如果忽视制造过程的再制造性实现管理，有可能使进行了再制造性设计的产品生产后其实际的再制造性降低，尤其是在新生产线上容易导致产品再制造性低于预计值。因此，必须重视产品制造阶段的再制造性管理控制，将预计的再制造性退化降到最低限度，保证满足要求的再制造性设计能够在产品中实现，保证产品的固有再制造性[2]。在产品制造过程中进行再制造性控制具有以下作用：

1）通过产品制造过程中的再制造性控制，可以最大限度地排除或检出各种不确定或不可靠因素所造成的再制造性降低。

2）对生产设备或生产工艺进行改进，修订再制造生产或保障设备配套方案，实现再制造性提升。

3）修订已编制的相关技术资料，例如再制造性实现工艺、再制造生产规划等。

4）传统的产品设计大多没有考虑再制造性，导致了产品的再制造效益相对不高，也因此导致再制造性设计与实现面临的问题比较多，不少再制造性设计的缺陷都可能在制造、使用过程中暴露。因此，在制造过程中进行再制造性控制管理还能够尽早发现设计缺陷，修改和完善再制造性设计，实现以较少的资源达到较高的再制造性水平的目的。

8.1.2 生产过程再制造性管理的基本要求

产品生产制造过程中对再制造性控制与管理的基本要求,可概括为以下四个方面:

1. 全面衡量、综合把握

生产过程是将设计的再制造性变成产品本身固有再制造性的重要实现环节。产品的再制造性是设计、生产、管理等工作共同作用的结果,也是由众多的分系统、设备、零部件、元器件、原材料质量等组成的综合表现,任何一部分发生问题,都可能会影响到整个产品的再制造性。因此,在生产过程中,针对再制造性必须坚持全面衡量、综合把握的原则,运用系统工程等现代管理科学理论,对产品生产过程进行全面监督,采用合理的检查手段和方法,从整体上把握产品生产过程运作,综合平衡考虑再制造性与产品功能质量、维修性等方面的关系。并针对影响产品的关键性再制造指标或重点零部件,进行重点监督和检测,为再制造性检验验收工作提供有关的产品再制造信息。要把生产过程的再制造性监督控制与产品功能质量、产品维修性监督有机地结合起来,通过生产过程的再制造性监督,及时发现再制造性实现所存在的问题,并督促生产单位采取纠正措施。

2. 深入调查、注重实效

在再制造性监督检查时,要深入调查,充分了解情况,掌握第一手资料,客观地分析认识和反映事物的本质,要系统考虑处理结果对产品再制造性和产品质量的综合影响。监督中发现问题时,对管理上的问题,要分析其对产品再制造性和产品质量的综合影响,充分考虑管理体系是否需完善,分析其内在原因。对产品生产中因技术质量而造成的再制造性退化问题,不仅要从技术上查找原因,还要查找管理上的原因,力求找出问题产生的根源。对于是产品外购零配件导致的再制造性弱化问题,要及时提出修正方案,并督促制订、落实纠正措施和预防措施。在处理产品再制造性指标问题时,要按科学规律办事,严格掌握设计标准与方案,必要时采用试验验证,用数据来科学论证。注重再制造性监督内容与监督方法的相互统一和协调,提高监督的工作效率,取得最佳的监督效果。

3. 突出重点、把握关键

产品的再制造性水平取决于少数的关键零部件或关键环节的影响,对于附加值高的零件其生产过程都属于关键环节,其对产品的再制造性有着重大影响。开展生产过程再制造性监督,应突出重点、把握关键,把关键环节和关键零部件作为监督的重点,应对监督检查获取的各类信息进行统计分析,切实掌握生产过程运作和控制工作以及重点零部件的动态变化情况,及时调整监督重点,以增强监督工作的针对性和有效性。牢固树立把关意识,认真做好关键性的工作。在生产过程再制造性管理中,需要实现把关的工作主要有:再制造性设计大纲、再制造性保证大纲等;关键件再制造性的确定与保证措施;再制造性合格零件的审查、确认。对在生产过程再制造性管理中发现的问题,应监督承制单位采取有效措施进行纠正。同时,还应通过相关再制造规划工作的积极推动,提高再制造性保证能力。

4. 预防为主、实时改进

因现代装备技术先进、配套关系复杂、生产周期长、质量要求严、成本费用高,装备通常生产费用高、批量大,所以再制造性管理要尽量采用预防为主的方式,注重工艺把关监督,对保证产品再制造性的关键内容重点监控,将不利因素积极预防在萌芽状态。在生产过程的再制造性管理中,要根据再制造性参数及设计要求,按照全寿命周期管理的要求,对生产过程的运作和控制情况实施经常性的跟踪监督、检查，采用各种科学手段，掌握再制造性的变化趋势。及时识别潜在的再制造性不合格零部件或情况，分析其原因，研究、确定预防措施并予以落实，跟踪并记录采取预防措施的效果，评价预防措施的有效性，并做出永久性更改或进一步采取措施的决定。要把建立并实施预防措施程序作为重要工作，对已经发生的再制造性不符合预计要求的零部件，必须全力找出原因，要特别注意管理上、技术上存在的系统性原因，有针对性地采取纠正措施，并验明效果，杜绝重复发生。

8.1.3 生产过程中再制造性管理的内容

生产过程再制造性管理主要是保证按预计的方法在生产时验证产品再制造性指标，加强对制造工艺的监控及入库检验，在试生产、试用、批量生产过程中保证故障、再制造性数据的收集、分析和纠正措施，使再制造性继续增长。

1. 产品再制造性保证大纲的监督

再制造性保证大纲是为保证产品再制造性落实而做出规定的文件，它是生产单位针对具体产品为满足特定要求而制定的再制造性保证文件。生产单位在进行再制造性管理时，需要编制相应的再制造性指导文档、实现过程所需文件及程序文件，这是承制单位通用的、最基本的再制造性文件。对于再制造性要求高，或者有升级性要求和需要重点控制的再制造性项目，制订文件时，再制造方也可能提出一些特殊要求，以确保这些特定的或特殊再制造性要求在生产过程中得到落实，生产单位应编制具体产品的再制造性保证文件，作为再制造相关体系文件的具体化和补充。

编制的产品再制造性保证大纲，应做到内容完整、正确，并经过相应的评审、审批手续。生产单位应定期检查、评价产品再制造性保证大纲的执行情况，发现问题，及时改进，确保其内容和要求得到全面、有效的贯彻落实。

根据生产要求，对生产单位的再制造性管理文件，应审查是否满足具体产品的再制造性保证要求，并按规定办理认可手续。定期对再制造性保证大纲的执行情况进行检查、评价，发现问题，及时督促生产单位采取措施予以解决。

2. 生产准备时期再制造性的相关监督

当设计的产品属于定型后的试生产、间断性生产和转厂生产时，在正式生产前，应对涉及再制造性的设计和工艺文件、生产计划、生产设施、人员配备、外购器材、生产控制等方面进行系统地检查，审查是否具备保证再制造性实现的批量生产条件，避免和减少在再制造性保证等方面的风险。再制造性保证人员应参加生产准备状态检查并实施监督，主要监督以下内容：

（1）确定再制造性设计文件齐全、正确 产品再制造相关的设计图样和主要设计、试验等有关技术文件，达到了完整、准确、统一，能够满足生产的需要。试制时，相关的再制造性问题已经得到解决，并且其改进落实措施已纳入相应的设计图样、设计文件、过程运作和控制文件之中。有严格的设计更改控制程序，更改符合规定的要求。

（2）进行生产计划中的再制造性协调 产品正式生产前，应有详细的再制造性生产保证计划，预计的再制造性指标及设计内容能够在生产过程中得到相应的安排和满足。

（3）保证再制造的生产设施配备齐全 根据生产过程中再制造性保证需要，配备保证再制造实现的生产设施，满足批量生产中再制造性保证要求。配备的生产设备符合产品批量生产和准确度的要求，按规定组织保养、检修、检定。

（4）人员配备合理 根据生产的需要，合理配置再制造性的保证人员，以及现场生产的设计、工艺等技术人员和管理人员，在数量上和技术水平上能满足生产现场再制造性保证与监督的工作需要。各工序、工种配备足够数量并具有相应技术水平的操作人员和检验人员。各类操作人员和检验人员熟悉本岗位的产品图样、技术要求和工艺文件，并经培训考核持有合格证书。

（5）工艺准备充分 工艺是联系设计和生产的纽带，是保证产品质量与可靠性和维修性的重要因素。工艺准备应符合下列要求：制造工艺符合设计要求；工艺状态稳定，工艺规程、作业指导书等各种工艺文件已经完善，能满足产品批量生产的要求；工艺装备、计量器具、测试设备等，按批量生产配备齐全，其准确度和使用状态可以保证批量生产的要求，并已编制检修、检定计划；对检验与生产共享的工艺装备、调试设备，有相应的准确度验证程序；关键工序的控制方法已经得到验证，并纳入工艺规程；外购器材已经定点供应，其质量、数量和供货满足生产要求。

（6）再制造性控制有效 建立健全再制造性管理体系，并使之有效运行，确保生产过程中产品再制造性处于受控状态。

生产准备状态检查的监督可以督促承制单位成立生产准备状态检查组织，由设计、工艺、检验、质量管理、计划、生产等部门有经验的技术人员和管理人员组成，对检查计划的全面性、系统性，以及组织的协调性进行重点监督检查。确定验证技术质量问题解决效果，应对产品定型时遗留的技术质量问题进行系统的归纳整理，并应对承制单位的解决措施的实施效果进行检查验证。在生产准备状态检查时，要根据检查计划确定的检查项目，对生产准备状态实施检查，详细记录检查中发现的问题，并对其准备状态和伴随的风险做出客观的判断，对检查结果做出正确的评价。

3. 外购器材的再制造性管理

外购器材是指构成产品所需的、非生产单位自制的器材，包括外购的原材料、元器件、附件以及外单位协作制造的零部（组）件等。随着产品结构的日益复杂和高科技含量的不断增加，现代产品常常采用许多外购器材作为其重要组成部分。外购器材的再制造性也将对产品整体的再制造性有着直接的影响。产品生产制造单位的外购器材管理工作，除了传统的需要确定外购器材质量及供应要求外，还需要确定外购器材自身的再制造性以及其对产品整体再制造性的影响等工作。生产单位认真分析和掌握技术文件和产品对外购器材的质量要求。选择适用的外购器材及合格的供应单位，以确保外购器材满足再制造性要求。

外购器材的选用和供应单位的选择、评价外购器材的选用必须符合技术文件和整个产品再制造性的要求。为此，再制造性设计人员必须分析和掌握产品系统对外购器材的再制造性要求，并编制出相应的采购文件，明确外购器材的名称、类别、形式、质量要求或其他准确标识方法，以及外购器材的技术要求等内容。

对外购器材供应单位的质量保证能力的要求，应纳入承制单位的采购文件。这些要求包括程序方面的要求、过程的要求、设备的要求、人员资格的要求、质量管理体系的要求等。

外购器材供应单位的选择十分重要，应认真选择好。外购器材供应单位应具备的条件是：提供的外购器材能完全满足技术文件的要求，价格合理；具有相应的质量及再制造性保证能力；采购方便，货源稳定，供货及时；能提供良好的服务。外购器材供应单位的确定应经过严格的程序审定。经考察、评价确认的外购器材供应单位，应由承制单位按产品品种分类编制合格外购器材供应单位名单，纳入成套技术文件，作为选用、采购的依据。

在外购器材管理方面，要适时检查外购器材的订购合同、采购文件和管理文件，确认其是否满足质量和再制造性要求。采购合同应完整、正确，除器材名称、规格、数量、质量、价格、结算方式及期限等基本内容外，其技术质量和再制造性技术内容也应完整，并掌握主要外购器材供应单位的质量管理体系与产品质量情况。生产单位要制订选择、评价和重新评价外购器材供应单位方法，建立健全合格器材供应单位评价组织；督促承制单位根据选择、评价结果，编制合格供方名录，纳入成套技术资料管理规定范围；参加对器材供应单位的器材样品进行的有关试验，掌握质量情况，并对试验情况做出明确结论；抽查合格器材供应单位的质量记录和承制单位组织的选择、评价记录，并对承制单位的修正合格供方名录的工作实施监督。

4. 工序中的再制造性管理

工序是产品、零部件制造过程的基本环节，是组织生产过程的基本单位，也是生产和检验原材料、半成品、成品的具体阶段，也直接影响着产品的再制造性。它也是多种因素综合作用的过程，是产品质量和再制造性的形成过程。

为了确保产品质量，承制单位必须把生产过程运作和控制工作的重点放在工序质量的管理上，运用科学的管理手段，使工序中影响产品质量的人员、设备、器材、方法、环境和检测等主导因素处于受控状态，从而使生产过程处于稳定的条件下。

对工序过程中影响再制造性的工作进行监督，就是要通过对工序各因素的检查、分析以及纠偏等工作，使其达到规定的要求和状态，促进生产单位从根本上保证产品的再制造性。

工序中影响再制造性工作管理的主要内容包括以下几个方面：

（1）影响再制造性的器材质量控制　器材质量直接影响再制造性。影响产品再制造性的器材主要包括原材料、元器件、毛坯、零件、部件、组件、外购成品件及主要辅助材料等，必须具有合格证明文件；实物数量与要求应当符合。

（2）设备、工艺装备、计量器具的控制　生产现场每一道工序都需要有必要的、符合一定要求的设备、工艺装备（包括刀具、夹具、工装和辅具等）和计量器具（包括通用和专用量具、仪表等），它们是实施工序质量及再制造性管理的重要基础。工序使用的设备、工艺装备、计量器具必须符合工艺规程的规定，具有合格证明文件和标志；产品特性要由设备、工艺装备的精度提供保证时，其精度必须满足要求；大型、精密及数控加工装备，在安装、调试合格后，要进行试加工检查，确认能保证产品质量后，方可正式投入使用。

（3）技术文件的控制　生产现场每道工序使用的相关再制造性的技术文件，包括设计文件（如图样、技术规范等）、工艺文件（如工艺规程、作业指导书、数控程序文件等），需要做到齐全、完整、清晰。

（4）人员的控制　人员是工序中再制造性质量管理的核心。操作、检测人员应掌握本工序的全部技术文件，了解前后工序的技术文件和制品的工艺过程，熟悉本工序所使用的设备、工艺装备和计量器具等对再制造性的影响；掌握进入本工序的毛坯、半成品、元器件、零部（组）件、外购成品件和辅助材料的质量特性和要求，严格遵守工艺纪律。

（5）首件检验　对批量生产的首件产品实施自检和专检。它不同于首件鉴定，是防止出现成批超差的预先控制手段。首件检验一般适用于逐件加工形式。

（6）关键工序信息的管理　各项工序信息如检验、试验记录等应齐全，数据正确，产品生产过程对产品再制造性起着决定性的作用，并需要严密控制的关键工序要加强信息管理，保证材料、加工、外购件等质量满足要求。

在工序质量的监督中，应对工序中有关人、机、料、环、检等生产要素是否符合规定的要求以及承制单位工序控制工作情况进行检查。当不符合要求时，应督促承制单位采取纠正措施，以确保产品的再制造性指标。对现场加工件进行抽查，评价产品的再制造性是否稳定，过程是否处于受控状态。根据产品和生产加工特点，对影响再制造性的关键件、重要件进行实物抽检。必要时，还可以对产品图样、技术条件规定的任何一个项目进行检测，以验证工序加工是否满足再制造性要求。

5. 制造过程的再制造性信息管理

在产品制造过程中，不断产生大量的信息，其中许多信息与产品的再制造性密切相关。对产生过程的信息有目的、有计划地进行收集、传递、存储和处理，充分加以利用，对于保证产品再制造性有十分重要的意义。为此，应该在生产线设置信息收集点，使用统一的报表，并由各级信息中心汇总分析，由各有关管理部门做出相应决策和指令，实行信息反馈的闭环控制。可在检验工位收集相关再制造性信息，避免造成信息丢失与信息的不完整、不准确。

根据采集到的信息，及时处理异常信息，保持生产线的稳定和受控。当出现的问题非车间职权所能解决时，由车间填报，向工艺科反映，工艺科到车间现场分析处理。当出现的问题非工艺科或其他有关职能部门职权所能解决时，由工艺科填报，厂长或总工程师召集有关职能部门及车间分析研究后提出纠正措施，向有关职能部门、车间下达管理指令。

根据统计信息分析，实现再制造性增长。通过定期对积累数据的统计分析，例如采用排列图以及工程分析等方法，可以找到关键少数影响再制造性的缺陷，也可以找到设计、制造方面的系统性缺陷。如果对少数关键性问题及系统性缺陷分析原因，在设计、制造、管理方面采取根本性改进措施，排除系统性缺陷，就可以实现新的再制造性增长，提高出厂产品的固有再制造性。

6. 再制造性认证

为确定产品具有的再制造性满足要求，可采用再制造性认证的方式加以确认。再制造性认证可采用第三方认证的方式进行确认，即邀请第三方依据有关标准、规范或规范性文件，按程序对产品的再制造性进行核查。若符合规定的要求，即可发给书面保证（合格证书）。第三方是指得到广泛承认的认证机构。

再制造性认证的基本程序是：提出申请、审查评定、合格发证和监督管理。审查合格后，申请单位仍需接受认证机构的监督检查，以确保质量保证体系得以维持。

（1）提出申请　申请方应依据认证机构要求，填写申请文件，提供所需的附件，向认证机构提出再制造性认证申请。所需附件是指说明申请方再制造性保证体系状况的各种文件，一般包括申请认证的产品名录，认证的再制造性目标要求，申请方的基本情况，生产人员、生产设施和装备、验证手段状况，以及其他可以说明申请方再制造性保证能力的业绩。

（2）审查评定　检查、评定、认证机构对申请方提出的申请文件经过审查，若符合规定的申请要求，即发出接受申请通知书，开始对申请方进行检查和评定。其基本任务是对申请文件进行详细审查，对申请方现场进行检查和评定，最后提出认证检查报告。根据不同的认证模式，应采取不同的检查、评定方法。属于产品再制造性认证模式为主的，应重点对产品再制造性相关技术文档及内容进行检查、评定。

（3）合格发证　根据认证机构对检查组提出的检查报告进行全面审查。经过审查，若批准通过认证，则认证机构予以注册，并颁发注册证书。

（4）监督管理　获准认证合格的单位，一般有效期为三年。在此期间，仍应接受认证机构的监督管理。认证机构对认证合格单位的维持情况进行定期或不定期监督性现场检查。若发现不符合认证要求的情况，根据情况严重程度可采取认证暂停、认证撤销等措施。

若认证有效期满要求继续延长，可向认证机构提出延长认证有效期的申请。获准程序原则上与初次认证相同，但由于连续性监督的因素，实际的认证过程将会大为简化。

8.2　产品使用中的再制造性管理

使用过程中的再制造性管理是寿命周期过程中再制造性工作的重要组成部分，也是保证产品经过使用周期后能够维持好的再制造性、实现最大再制造效能的重要阶段。

8.2.1　产品使用中再制造性管理的意义及工作

1. 使用中再制造性管理的意义

1）产品在运输、储存、使用、维修过程中的各种因素发生变化，都对产品的性能和零部件的状态存在着重要影响，能够使产品的使用再制造性变化，必须进行严格的管理，来保证良好的可再制造状态。

2）任何产品在使用中都会存在着故障，通过采用正确的维修方式，能够恢复产品的正常工作，避免由于故障造成零件损伤的进一步扩大，降低再制造性。

3）对产品在使用过程中暴露出的设计和制造中的缺陷，通过信息反馈并加以改进，可以减少装备故障，提升产品的再制造性。

4）通过在产品使用及其维修过程中，收集数据和失效样品，进行再制造信息反馈，可以帮助生产单位改进设计管理，提高产品的再制造设计与制造水平，进一步提高产品再制造生产效益。

2. 使用过程中再制造性管理的主要工作

1）及时对产品故障进行维修，保证产品零部件的状态。

2）及时收集、整理、分析产品在使用中的再制造性数据、资料等信息，适时提出改进意见，并及时反馈给设计阶段，提出改进再制造性的要求。

3）采取措施，对产品装运、储存期间可能导致的再制造性变化进行控制，以保证和延长产品零部件的使用寿命。

4）采取有效措施进行再制造性的管理教育，使得产品使用人员明确再制造性相关要求。

5）对产品使用过程中发现的再制造规划以及保障资源规划中存在的问题，及时反馈给再制造方，尽快予以完善和解决。

6）在产品再制造前，全面总结产品在全寿命周期过程中的再制造性活动资料等，并随产品交付再制造生产商。

8.2.2 产品使用中的再制造性信息管理

1. 再制造性信息管理的重要性

无论行使何种管理职能都离不开信息。信息是整个人类行为的基础，是进行管理活动的基础。良好的再制造性信息管理工作，可以及时向设计部门、制造部门、再制造部门提供高质量的信息，从而增强再制造性设计的科学性，提升再制造生产效益[3]。

再制造性信息是指有关产品的再制造性数据、报告与资料的总称。再制造性信息管理是对其相关信息进行收集、传递、处理、储存和使用等的一系列活动。它是再制造性管理工作中一项重要的内容。再制造性信息可以反映产品在不同寿命阶段的再制造性状况以及各种有关因素对产品再制造性的影响规律。再制造性信息能够直接促进产品再制造的开展，是实施和提高再制造能力的重要依据。

2. 再制造性信息管理工作

再制造性信息管理工作首先要保证信息达到准确性和完整性，应制订具体的管理要求的措施。再制造性信息管理工作主要包括再制造性信息的收集、加工、储存、反馈、交换、传递[4]。

（1）信息收集 信息收集是进行信息利用的基础。再制造性信息是客观存在的，但只有将分散的、随机产生的信息有意识地收集起来，并加以处理才能利用它，使其为开展再制造性工作服务。从信息工作的全过程来看，信息收集是开展再制造性信息工作的起点，没有信息就无法进行信息的加工和应用。开展信息工作的关键和难点在于是否能做好再制造性信息的收集工作。应分别对产品研制、生产检验、试验、失效分析的各种记录中所包含的有关再制造性信息，分门别类地收集，并制订定期归档的管理制度。

在再制造性信息收集中，要特别强调对产品故障信息的收集。因为通过产品故障的分析，可以掌握产品的零部件的再制造性状况和故障规律，找出故障原因及薄弱环节，从而有针对性地对设计、生产和使用维修中存在的问题采取纠正措施，防止故障的重复发生，从而提高产品的再制造性水平。

（2）信息加工 信息加工主要是指对所收集到的分散的原始信息，按照一定的程序和方法进行审查、筛选、分类、统计计算、分析的过程。信息加工是进行信息利用的前提，通过对大量信息的去伪存真、去粗取精和综合分析的处理过程，可以得到更系统的信息资料，以便为各管理层提供决策的依据，并为新品的研制和生产积累宝贵的技术资源。再制造性信息只有经过合理的加工，才能最有效地发挥其作用和体现它的价值。要定期对各类再制造性信息进行综合统计处理，并进行分类汇编成册和存档。

信息加工没有固定的模式，不同的信息管理层次对信息加工的程序和内容各不相同。一般来说，对信息加工的程序及其内容应包括信息的审查和筛选、分类和排序、统计与计算、分析判断、编写报告和输出信息。

（3）信息储存 信息经加工处理后，需要采用科学的方式进行分类储存，便于随时查询使用，以及进行必要的再分析。产品的再制造是在技术环境发展和产品寿命周期实践的基础上逐步发展起来的，不断积累相关再制造性的信息资源，对不断提高产品的再制造性设计及开展再制造具有重要的意义。

再制造性相关信息的储存，应保证信息的安全、可靠和完整。在需要信息时，能方便地进行信息的查询和检索，并保证信息的可追溯性。信息储存应按分级集中管理的原则进行。分级就是各管理层次的信息组织应按所承担的信息管理任务分工来储存信息；集中则是指企业各层次对按分工所需要的信息进行集中储存。

传统的信息储存主要采用文件、缩微胶片等方式来储存信息，但随着信息量的猛增以及计算机的广泛使用，信息储存将逐渐被计算机数据库的方式所替代。应根据信息的利用价值和查询、检索要求以及技术与经济条件来确定不同管理层次信息的储存方式。为了使以各种方式储存起来的信息能相互兼容和交流，应在信息分类的基础上，对信息进行科学的排序与编号，以便对储存的信息实施科学的管理。

（4）信息反馈　信息反馈是把决策信息实施的结果输送回来，以便再输出新的信息，用以修正决策目标和控制、调节受控系统活动有效运行的过程。其中，输送回来的信息就是反馈信息。信息反馈是一个不断循环的闭环控制过程。信息反馈是一种用系统活动的结果来控制和调节系统活动的方法，在再制造性的信息管理过程中也发挥着重要作用。为了达到预期的再制造性目标，需要获得每一个方面或每一个环节反馈的信息，并通过对这些反馈信息的分析判断，作为修正再制造性设计决策目标的依据，以便指导和控制其他相关再制造性工作的正常进行。

从闭环控制的角度看，信息反馈指的是从受控系统向决策者输送信息。因此，对信息收集的要求，对信息反馈都适用，即信息反馈要及时、准确、完整和连续，并要求合理地设置信息反馈点、确定信息的流向和时限。信息反馈原则上应按规定信息流程图来进行，既向设计端进行反馈，不断完成再制造性的设计方案修正，并为新产品或相似产品的再制造性设计提供借鉴和参考，同时又向再制造方进行反馈，以便于指导再制造方及时修正再制造方案，提升预期的再制造效益。在与外部信息沟通时，需要保持通畅的信息渠道，并通过制订必要的信息反馈制度或签订合同等措施，以保证信息反馈的正常进行。

（5）信息交换　再制造性管理活动是一项复杂的系统工程活动，为了在全部再制造管理工作中不断地对各种影响再制造性的问题做出正确决策，必须要有大量的来自各方面的再制造影响信息作为支持。这些信息有的来自企业生产设计内部过程，有的信息则来源于信息系统的外部，例如技术发展、外购件情况、再制造方等。信息交换就是指各企业、部门或各类信息组织之间相互提供彼此所需信息的过程。信息交换是实现信息资源共享，避免重复收集、重复试验，节约经费，争取时间，经济而有效地获取和利用信息的重要手段。

（6）信息传递　任何形式的信息收集、反馈与交换等信息输入与输出过程都是通过信息传递实现的。信息只有经过传递，到达需要的位置，才能发挥它的作用。再制造性信息依靠一定的方式进行传递，是实现再制造性信息流动的必要手段，也是将再制造性工程活动连成一个有机整体的纽带。再制造性信息的传递是一种有意识、有规则、有目的的行动，为了保证再制造性信息使用的有效性，需要加快再制造性信息传递的速度和质量。要根据信息量的多少、信息的重要程度和时限要求，以及技术、经济条件来合理地选取信息的通道和信息传递的方式。信息传递的方式有企业内部的直接传递、与企业外界联系的邮寄等方式，但目前更多的是依靠信息网络管理系统，实现网络传递，显著提高了信息传递的时效性。

8.2.3　产品使用中的再制造性维护

产品优质的再制造性质量特性是设计出来的，是制造出来的，也是管理出来的。尤其是在产品的使用阶段，严格按照高质量的产品使用维护要求，高水平地做好产品的使用维护工作，这对于保证产品再制造性指标要求、确保产品在再制造时能够维持良好的再制造能力是至关重要的。在控制产品使用质量特性的过程中，也需要关注产品的再制造性管理。产品使用中的再制造性管理的主要内容包括运输储存、维护保养、及时维修和定时再制造等。

1. 运输储存

产品在装卸、运输和储存期间，一方面可能因受到振动、冲击、化学、温度、湿度等各种环境应力的作用受到损坏，也可能因包装受到损坏而造成产品在储存期间失效；另一方面，产品的零部件本身会发生老化、劣化，并且由于储存时间很长，可能使产品的某些零部件失效和使装备的可靠性降低，以及由于产品设计不当，造成产品在储存期间失效。这些故障都会降低产品的再制造能力，影响产品的再制造性。因此，要采用科学合适的运输、装卸及储存方式与工具，保证产品得到足够的保护，避免装备故障造成的再制造性的降低。

2. 维护保养

产品的常规维护保养主要包括两个方面：一是为保持产品的固有性能而规定进行的诸如表面清洗、擦拭、通风、添加油液或润滑剂、充气等工作；二是产品的定期开启和检测，备附件的定期保养和测试，以及有些零部件使用到规定期限，或根据产品使用环境条件（如高温、高湿、高盐雾、高颠振等）所规定的产品服务期限到期时的例行拆装或拆修，确保使其达到原规定的产品技术状态。对产品保持正常的维护保养能够维护各零件的性能状态，避免因过度使用造成的故障或者损伤加剧，从而避免再制造性的降低。

3. 及时维修

在产品使用中，通常都会由于使用条件或者其他原因，造成零件损伤，从而导致产品故障。针对这些不同形式的故障，需要采用一定的维修技术手段，进行故障修复，恢复零件的尺寸和性能状态，避免产品性能的进一步恶化。及时维修可以避免零部件损伤的扩大及进一步劣化，从而导致产品零部件发生不可再制造的故障或者使再制造难度增加，从而造成再制造性的下降。因此，在产品使用中，要保持产品良好的再制造性，需要及时对产品进行维修，减少产品的严重故障，保持产品零部件的正常状态。

4. 定时再制造

在同一产品中所使用的零部件及所选用的器材，不可能是同一寿命周期的产品：产品中的有些关键部件，由于使用频率（如易造成磨损）、所处环境条件（如外露式安装易造成的锈蚀）、产品安全性要求（包括人身安全）及其对产品所在系统或产品整体可靠程度的重要性（如关键部件、关键件）等因素的影响或要求，使得产品在使用到一定期限后，就有"超期服役"或"带病工作"的器件或零部件出现，对于达到规定期限寿命或者达到再制造要求的期限时，要及时将产品送交再制造，避免产品持续的超期使用造成零部件损耗加剧，或产生严重故障，从而导致产品的再制造性降低。因此，要严格产品的寿命使用管理，及时对达到寿命期限的产品进行再制造，以维持较高的再制造效益，降低产品全寿命周期费用。

8.2.4 产品使用中的再制造性提升

产品使用阶段的再制造性提升主要由使用方的实施完成：一是产品使用部门及时向设计制造部门反馈问题，并由设计制造部门认真研究，提出改进措施，重新进行再制造性设计，并及时在生产线上改进落实，使之后产出的产品再制造性优于之前生产的装备，并将改进措施通知用户；二是产品用户对一些改动量不大、难度较小的涉及维修与再制造性问题通过自行在现役产品上进行改装、更改不合理设计、革新维修手段，使现役产品的再制造性得到某种程度的改善，从而提升其再制造能力。

通常来讲，在现役产品上都不可能围绕再制造性进行较大改动，主要应该是简单、经济，牵扯面小而效果明显。因此，要重点做好再制造性改进提升中的信息处理、维修改革、改进性维修及再制造设备的提升等方面的工作，从而能够促进产品再制造前再制造性的提升。

1. 再制造性纠止工作

通过产品的试验或者使用，能够分析其存在的再制造性缺陷，并通过及时的反馈，可以采取及时的措施来改进再制造性问题。开展使用阶段再制造性信息与评价工作，测定实际使用再制造条件下的再制造性参数值，可以发现薄弱环节，为再制造性改进、完善再制造规划、改进各项再制造保障资源、研制新产品时改善再制造性等提供参考。

完善故障信息反馈、分析及纠止措施的信息闭环反馈系统。信息反馈是手段，产品再制造性的增长及缺陷纠止是目的。因此，有关信息要反馈给研制、生产部门，以便于设计部门分析整理，提出改进意见和改进措施，在后续生产的产品上得到应用和实施，从根本上使产品的再制造性水平不断得到提升。设计部门通过在使用部门建立的信息网，可以比较完整、准确地收集故障信息，并经过分析，提出处理意见，在后续批次、改进和改型产品的设计中得到落实，从而产生经济效益。

2. 产品维修改革及改进工作

对产品进行预防性维修工作，能够避免因产品的过度使用导致的产品零部件损耗过大，故障过多，造成的产品再制造时再制造性降低。严格按照预防维修大纲，制订维修操作文件和计划保障资源，规定预防性维修工作的项目及周期。适度的预防维修可以避免无效益的维修工作，并以较低的费用保障产品固有的再制造性水平。

维修体制是维修组织的体现，直接决定维修活动过程，影响维修任务完成时间或平均维修停机时间，进而影响产品的使用完好性和寿命末端时的再制造性。维修组织的目标，就是使维修保障资源与产品很好地匹配，最大限度地发挥维修保障的作用，使产品具有较高的使用完好性，避免零部件的过度损耗和故障的发生。因此，维修体制是否合理科学，对产品的完好性有很大的影响，也直接影响着产品的再制造性及再制造能力。因此，在产品服役过程中保持合理的维修，并适度改进维修内容，能够提升产品寿命末端时的实际再制造性，避免固有再制造性的降低，促进再制造能力实现。

3. 改进性维修工作

产品使用中的维修可以分为预防性维修、修复性维修和改进性维修三种。预防性维修可以预防和减少产品故障次数，能够提高再制造时旧件利用率，提升再制造性。在产品出现故障或其性能发生变化时，修复性维修可以对产品进行故障探测、诊断、调整和修复，可将产品恢复到预定的功能，也能减少故障和失效件数量，提升再制造利用率和再制造性。因此，通过预防性维修和修复性维修工作，可以使产品保持或恢复固有的再制造性水平。对于再制造性差的产品，也有必要通过改进来提高其再制造能力，可以通过改进性维修来完成。

针对再制造能力的改进性维修指的是在产品服役阶段，当对产品维修时，在考虑恢复产品功能的同时，兼而考虑对影响产品再制造能力的因素进行重新设计和改进，从而来提升产品的固有再制造性。通常来讲，凡为提高现役产品维修性所做的工作，一般都对改进产品的再制造工作具有促进作用。对于提高现役产品的再制造性来说，就是通过对现役产品进行必要的再制造性设计以提高维修性的工作。

4. 再制造技术设备的改进工作

在产品服役阶段，根据相关再制造性信息与规划，不断利用新技术，改进再制造生产方案，配置高效的再制造工具、设备，也将得到不同的再制造性。再制造设备、工具的使用将使再制造时间、费用、消耗、人力等再制造效益发生变化。因此，要得到良好的再制造性，必须使用先进、高效、配套的再制造性工具或设备。如采用多功能自动化组合工具，解决常规拆卸的难点问题，提高工作效率。

参 考 文 献

[1] 秦孝英. 可靠性·维修性·保障性管理 [M]. 北京：国防工业出版社，2003.

[2] 姚巨坤，朱胜，崔培枝. 再制造管理——产品多寿命周期管理的重要环节 [J]. 科学技术与工程，2003，3 (4)：374-378.

[3] 朱胜，姚巨坤. 再制造技术与工艺 [M]. 北京：机械工业出版社，2011.

[4] 朱胜，姚巨坤. 再制造设计理论及应用 [M]. 北京：机械工业出版社，2009.

第9章

面向再制造性的再制造工程设计

再制造工程设计属于再制造设计的基本理论与技术内容，同时其工程设计活动是再制造工程实践的重要组成部分，也是设定的再制造性实现的前提。装备再制造工程设计的主要内容包括面向再制造的工艺技术设计、保障资源设计、生产管理设计等。

9.1 再制造技术设计

9.1.1 概述

简单地讲，再制造技术就是在废旧产品再制造过程中所用到的各种技术的统称。再制造技术是废旧装备再制造生产的重要组成部分，是实现废旧装备再制造生产高效、经济、环保的保证[1]。

再制造技术设计是指在一定约束条件下，使产品能够通过一定的再制造技术而实现再制造，并获得优质的再制造装备。废旧装备进行再制造加工首先要求技术及工艺上可行，通过原装备恢复、升级以及提高原装备性能等目的，使不同的技术工艺路线对再制造的经济性、环境性和装备的服役性产生影响。

根据对废旧装备再制造过程的分析以及再制造实践，再制造技术包含了拆解技术、清洗技术、检测技术、加工技术、装配技术、涂装技术等。其中，用于废旧件再制造的加工技术是再制造技术的关键技术内容。

在废旧机电装备再制造中充分利用信息化技术的成果，是实现废旧装备再制造效益最大化、再制造技术先进化、再制造管理正规化、再制造思想前沿化和装备全寿命过程再制造保障信息资源共享化的基础，对提高再制造保障系统运行效率发挥着重要作用。柔性再制造技术、虚拟再制造技术、快速再制造成形技术等都属于信息化再制造技术的范畴，也将在再制造生产过程中发挥重要作用。

9.1.2 再制造拆解技术设计

废旧装备的再制造拆解是再制造过程中的重要工序，科学的再制造拆解工艺能够有效保证再制造零件的质量性能、几何精度，并显著减少再制造周期，降低再制造费用，提高再制造装备质量。再制造拆解技术作为实现有效再制造的重要手段，不仅有助于零部件的重用和再制造，而且有助于材料的再生利用，实现废旧装备的高品质回收策略。

再制造拆解是指将再制造的废旧装备及其部件有规律地按顺序分解成全部零部件的过

程，同时保证满足后续再制造工艺对拆解后可再制造零部件的性能要求[2]。废旧装备再制造拆解后，全部的零部件可分为三类：①可直接利用的零件（指经过清洗检测后不需要再制造加工可直接在再制造装配中应用）；②可再制造的零件（指通过再制造加工可以达到再制造装配质量标准）；③报废件（指无法进行再制造或直接再利用，需要进行材料再循环处理或者其他无害化处理的）。因此，在装备设计中，要优先设计并考虑采用何种拆解方法、工艺和手段来进行拆解，并明确拆解技术如何适应特定产品及条件；并且要使废旧装备易于拆解，即对装备进行面向拆解的装备设计，改善连接件的拆解适应性。

9.1.3　再制造清洗技术设计

对装备的零部件表面进行清洗是零件再制造过程中的重要工序，是检测零件表面尺寸精度、几何形状精度、表面粗糙度、表面性能、磨蚀磨损及黏着情况等的前提，是零件进行再制造的基础。零件表面清洗的质量直接影响零件表面分析、表面检测、再制造加工、装配质量，进而影响再制造装备的质量。

再制造清洗技术是指借助于清洗设备将清洗液作用于工件表面，采用机械、物理、化学或电化学方法，去除装备及其零部件表面附着的油脂、锈蚀、泥垢、水垢、积炭等污物，并使工件表面达到所要求清洁度的过程[3]。废旧装备拆解后的零件根据形状、材料、类别、损坏情况等分类后应采用相应的方法进行清洗，以保证零件再利用或者再制造的质量。装备的清洁度是再制造装备的一项主要质量指标，清洁度不良不但会影响到装备的再制造加工，而且往往能够造成装备的性能下降，容易出现过度磨损、精度下降、寿命缩短等现象，影响装备的质量。同时良好的装备清洁度，也能够提高消费者对再制造装备质量的信心。

再制造清洗技术设计，需要根据再制造清洗的位置、目的、材料的复杂程度等，预先设计出在清洗过程中所使用的清洗技术和方法，并且易于实现对复杂表面的清洗，减少清洗过程对表面的损伤。同时，要尽量在清洗技术设计中选用物理清洗方法，减少化学清洗量，以增加再制造过程的环境友好性，减少环境污染。例如，清洗设计中尽量使废旧零部件可以采用热水喷洗或者蒸汽清洗、高压或常压喷洗、喷砂、超声波清洗等方法。

9.1.4　再制造检测技术设计

再制造检测是指在再制造过程中，借助于各种检测技术和方法，确定拆解后废旧零件的表面尺寸及其性能状态等，以决定其弃用或再制造加工的过程[4]。废旧零件通常都是经长期使用过的零件，这些零件的工况对再制造零件的最终质量有相当重要的影响。零件的损伤，不管是内在质量还是外观变形，都要经过仔细地检测，根据检测结果，进行再制造性综合评价，决定该零件在技术上和经济上进行再制造的可行性。拆解后废旧零件的鉴定与检测工作是装备再制造过程的重要环节，是保证再制造装备质量的重要步骤。它不但能决定毛坯的弃用，影响再制造成本，提高再制造装备的质量稳定性，还能帮助决策失效毛坯的再制造加工方式，是再制造过程中一项至关重要的工作。因此鉴定与检测工作是保证最佳化资源回收和再制造装备质量的关键环节，应给予高度的重视。

用于再制造的毛坯要根据经验和要求进行全面的质量检测，同时根据毛坯的具体情况，各有侧重。一般来说，检测包括毛坯的几何精度、表面质量、理化性能、潜在缺陷、材料性质、磨损程度、表层材料与基体的结合强度等内容。

再制造检测技术设计是指要对装备再制造前及其拆解后的零部件、再制造装备的检测方案和技术进行设计，提供简单易行的检测方法来保证再制造使用件的最终质量。要使装备及零部件所需的性能能够并易于检测，可选用的检测技术方法包括感官检测法、测量工具检测法和无损检测法，可对毛坯的表面尺寸精度、理化性能、内部缺陷等进行检测，以评价零部件剩余寿命。

9.1.5 再制造加工技术设计

采用合理、先进的再制造加工工艺对废旧失效零件进行修复，恢复其几何尺寸要求及性能要求，可以有效地减少原材料及新备件的消耗，取得直接的节材效果，降低废旧机械设备再制造过程中的投入成本，必要时还可以解决进口备件缺乏的问题。再制造加工是指对废旧装备的失效零部件进行几何尺寸和性能恢复的过程。再制造加工主要有两种方法，即机械加工方法和表面工程技术方法[5]。

多数失效金属零部件可采用再制造加工工艺加以恢复，许多情况下，恢复后的零件质量和性能不仅可以达到甚至可以超过新件。如采用热喷涂技术修复的曲轴，寿命可以赶上和超过新轴；采用埋弧堆焊修复的轧辊寿命可超过新辊；采用等离子堆焊恢复的发动机阀门，寿命可达到新品的 2 倍以上；采用低真空熔敷技术修复的发动机排气门，寿命相当于新品的 3~5 倍；等等。

废旧装备失效零部件常用再制造加工技术设计如图 9-1 所示。

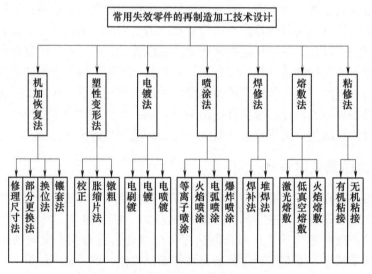

图 9-1 废旧装备失效零件常用再制造加工技术设计

再制造加工技术性设计的基本原则是设计加工工艺的合理性。所谓合理性是指在经济允许、技术条件具备的情况下，所设计的工艺要尽可能满足对失效零件的尺寸及性能要求，达到质量不低于新品的目标。再制造加工技术性设计主要考虑以下因素：

1）再制造加工工艺对零件材质的适应性。

2）各种恢复用覆层工艺可修补的厚度。

3）各种恢复用覆层与基体的结合强度。各种修复用覆层与基体的结合强度与所选工艺参数有关。

4）恢复层的耐磨性。材料的耐磨性与覆层材料及润滑条件有关。一般来说，硬度越高的覆层，其耐磨性也越高。镀铬层的耐磨性是比较高的，而堆焊和喷焊可获得比镀铬硬度更高的覆层（当然也可获得较软的覆层）。电刷镀也可获得较高的硬度，但耐磨性不及镀铬。

5）恢复层对零件疲劳强度的影响。

6）再制造加工技术的环保性应满足当前环保要求。

9.1.6 再制造装配技术设计

再制造装配就是按再制造装备规定的技术要求和精度，将已再制造加工后性能合格的零件、可直接利用的零件以及其他报废后更换的新零件安装成组件、部件或再制造装备，并达到再制造装备所规定的精度和使用性能的整个工艺过程[2]。再制造装配是装备再制造的重要环节，其工作的好坏，对再制造装备的性能、再制造工期和再制造成本等起着非常重要的作用。

再制造装配中是把上述三类零件（再制造零件、直接利用的零件、新零件）装配成组件，或把零件和组件装配成部件，以及把零件、组件和部件装配成最终装备的过程。以上三种装配过程，按照制造过程模式，将其称为组装、部装和总装。再制造装配的顺序按照先组件后部件的装配，最后是装备的总装配。做好充分周密的准备工作以及正确选择与遵守装配工艺规程是再制造装配的两个基本要求。

再制造装配的准备工作包括零部件清洗、尺寸和重量分选、平衡等，再制造装配过程中的零件装入、连接、部装、总装以及检验、调整、试验和装配后的试运转、涂装和包装等都是再制造装配工作的主要内容。再制造装配不但是决定再制造装备质量的重要环节，而且还可以发现废旧零部件再制造加工等再制造过程中存在的问题，为改进和提高再制造装备质量提供依据。

9.1.7 再制造涂装技术设计

再制造产品磨合试验后，合格产品要进行喷涂包装，即涂装。再制造产品的涂装指将涂料涂覆于再制造产品基底表面形成特定涂层的过程[6]。再制造产品涂装的作用主要可分为保护作用、装饰作用、色彩标志作用和特殊防护作用四种。用于涂装的涂料是由多种原料混合制成的，每个产品所用原料的品种和数量各不相同，根据它们的性能和作用，综合起来可分为主要成膜物质、次要成膜物质和辅助成膜物质三个部分。

包装是现代产品生产不可分割的一部分，其定义为：为在流通中保护产品、方便储运、促进销售，按一定的技术方法，对所采用的容器、材料和辅助物施加的全部操作活动。再制造产品的包装是指为了保证再制造产品的原有状态及质量，在运输、流动、交易、储存及使用中，为达到保护产品、方便运输、促进销售的目的，而对再制造产品所采取的一系列技术手段。包装的作用主要有以下三点：①保护功能，指使产品不受各种外力的损坏；②便利功能，指便于使用、携带、存放、拆解等；③销售功能，指能直接吸引需求者的视线，让需求者产生强烈的购买欲，从而达到促销的目的。

在完成的再制造产品包装中，还应该包含再制造产品的说明书和质保单。再制造产品说明书和质量保证单的编写，也是再制造过程中的重要内容。再制造产品说明书可参照原产品的说明书内容编写，主要内容包括产品简介、产品使用说明书、产品维修手册等。

9.2 再制造保障资源设计

9.2.1 再制造保障资源确定

废旧产品再制造保障资源是产品再制造所需的人力、物资、经费、技术、信息和时间等的统称，主要包括再制造生产设备、再制造器材（主要指备品备件）、再制造人员、再制造设施及再制造技术资料等[7]。再制造保障资源设计的最终目的是提供废旧产品再制造所需的各类生产保障资源，并建立与再制造产品生产需求相匹配的经济、高效、环保的再制造保障系统。

再制造保障资源的确定主要适用在两个时机：一是在某类废旧产品首次再制造前，确定其再制造所需要的技术设备、人员配置、岗位设定、备件供应等再制造保障内容，一旦该类型的再制造资源确定后，一般只需要在生产过程中通过检测来不断地调整；二是当某一批次的产品退役后，需要根据其服役特点来确定与其相对应的再制造过程中需要调整的保障资源。

再制造保障资源主要包括再制造保障技术设备、备件供应、技术人员、再制造设施及技术资料等。对退役产品进行再制造保障资源分析是确定各项再制造资源的前提。整个分析过程由五个分析内容组成，通过不断权衡、反复迭代确定各项需求。再制造生产保障资源需求确定模型如图 9-2 所示。

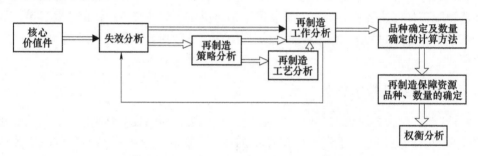

图 9-2　再制造生产保障资源需求确定模型

再制造一般都需要对退役产品中的核心价值件（即高附加值件）进行重新利用，而核心价值件也往往会产生各种形式的失效。由图 9-2 可以看出，通过确定退役产品中的核心价值件，并对其可能存在的失效形式进行分析，分析其再制造策略及相应的再制造工艺，并对再制造工作过程进行具体的分析；参考所有的资料信息，并采用不同的品种确定及数量确定计算方法，可以具体确定出产品所需再制造保障资源的品种与数量；最后采用权衡分析，考虑约束条件和实际状况予以取舍和优化。另外，以上流程并不是硬性规定的，针对不同类型的退役产品或零部件可以适当裁减，重要的是符合实际再制造保障工作的应用需求。

9.2.2 再制造设备保障设计

再制造设备是指废旧产品再制造生产所需的各种机械、电器、工具等的统称。一般包括拆解和清洗工具设备、检测仪器、机械机工和表面加工设备、磨合及试验设备以及包装工具设备等。另外，一些再制造过程中的运输设备、仓储设备等也属于再制造保障设备。再制造设备是再制造保障资源中的重要组成部分，在具体废旧产品再制造前，必须及早考虑和设计，并在再制造阶段及时进行丰富与完善，以满足高品质再制造的需求。

应用再制造工作分析，并参照现有废旧产品技术参数，以及选定的废旧产品再制造保障方案，根据各再制造岗位应完成的再制造工作，确定再制造设备的具体要求，并据此可以评定各再制造岗位的再制造生产能力是否与生产计划相配套[8]。

当废旧产品再制造前对每项再制造工作分析时，要提供保障该项工作的再制造设备的类型和数量方面的需求资料，利用这些资料可确定在每个再制造岗位上所需再制造设备的总需求量。

总的来说，再制造生产设备选用的基本原则是优先选用通用生产设备，其次为选用专用生产保障设备。对于正常运行的再制造企业，在进行新类型再制造产品生产保障设备配置时，要按已有保障设备对已有的保障设备进行局部改造、沿用货架产品对货架产品进行改造以及新研制保障设备的顺序，来确定新类型废旧产品再制造生产保障设备。

已知产品需再制造率、平均再制造时间，怎样配备再制造设备既经济又合理。从再制造生产要求的角度出发，再制造设备越多，则等待再制造的废旧产品数量会减少，平均等待再制造时间越小，则废旧产品完成再制造的时间越短；但是再制造设备增加到一定数量时，可能出现再制造设备空闲时间增多的浪费现象，一般当等待再制造的设备数量（含正在再制造的设备）正好等于队长时是最理想的配备状态。将这些条件代入公式中，可以模拟出最优再制造设备台数。

9.2.3　再制造人员保障设计

人员是完成废旧产品再制造的重要组成部分。在废旧产品再制造时，必须要有一定数量的、具有一定专业技术水平的人员从事再制造的生产工作，以生成能够重新销售使用的高质量再制造产品。因此，在产品再制造前及再制造过程中，必须确定再制造生产所需的人员数量、专业及技术水平等人力因素，并对再制造人员进行有效的管理、强化培训与考核、实施合理的激励政策，减少或避免再制造差错，提高人员综合素质。

在进行废旧产品再制造生产人员确定时，废旧产品再制造部门可以把人员的编制定额、专业设置、培训情况和技术水平作为确定再制造人员要求的主要约束条件，从产品设计阶段增强产品的再制造性设计。在产品退役后，要根据相关依据进行再制造人员分配，开展再制造的生产保障工作规划，并根据实际退役产品的性能状况，对人员配置及岗位设计进行调整。再制造人员的数量、专业和技术等级，依据不同的再制造单位、废旧产品类型及再制造生产技术含量，通常按下列步骤加以确定。

1）确定再制造人员专业类型及技术等级要求。根据再制造工作分析对所得出的不同岗位的专业工作加以归类，并参考以往产品再制造工作经验和类似产品再制造人员的专业分工，确定再制造人员的专业及其相应的技能水平。

2）确定再制造人员的数量。再制造人员的数量确定主要根据再制造工作分析，需要做必要的岗位和工作量的分析、预计工作。通常可利用有关分析结果和计算模型予以确定。

9.2.4 再制造备件保障设计

再制造备件是指用于废旧产品再制造过程中替换不可再制造加工修复的废弃件的新零件。备件是再制造器材中十分重要的物资，对于保证再制造过程的顺利进行和再制造产品的质量都具有极其重要的影响。用于再制造装配的零件主要有两个来源：首先是废旧产品中可直接利用件和再制造加工修复的零件；其次是从市场采购的标准件，以替代废旧产品中无法再制造或不具备再制造价值的零部件，这些新采购的零件称为备件。随着再制造产品复杂程度的提高和退役产品失效状态的多变，再制造备件品种和数量的确定与优化问题也越来越突出，备件费用在再制造费用中所占比例也呈现上升的趋势。

供应量指一个批量再制造产品生产周期内，新备件供应给再制造装配工序的数量。一般情况下要求供应量等于需要量，但有时因废旧件的再制造情况不稳定，会造成备件供应的不确定性，影响备件采购及存储的数量，所以新备件的保障也要根据筹措的难度、供应标准与实际需求的状况做一些相应调整。

再制造备件的确定与优化是一项非常复杂的工作，需要进行退役产品性能分析、再制造产品性能需求分析、失效模式分析、再制造性及再制造保障分析等多方面的信息资料，并与再制造保障诸要素权衡后才能合理地确定。对再制造备件确定而言，一般应包括图9-3所示的几个步骤。

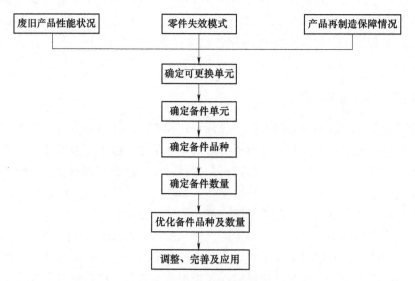

图9-3　再制造备件确定流程图

9.2.5 再制造备件确定方法

废旧产品拆解后所有的零件可以分为四类：①全部可直接利用件，该类零件全部可以直接利用，不需要再制造加工；②需再制造加工件，指全部需要再制造加工的零件；③废弃的零件，不可进行再制造恢复，主要指消耗件；④以上三种形式都可能发生的零件，指批量拆解后的某型零件，经过检测后，部分可以直接利用，部分可以再制造后利用，部分需要废弃后换新的。其中第一类和第二类零件都不用准备备件，原件可以直接使用，不存在备件问题。

再制造产品装配所需零件主要由两个来源：一是来自于废旧产品本身原有的零件；二是来自于采购的新备件。前者是最大量的、核心的零件，也是再制造获得价值的主要源泉。后者是少量的，主要来代替废旧件拆解后其中的低附加值零件、不具备再制造价值或技术上不可能再制造的废弃件。但新备件也是再制造装配的重要组成部分，对再制造产品质量具有重要的影响。例如各类高分子材料的密封环备件，因老化而不可再制造，但其直接影响着再制造产品的密封性能，对产品的质量具有重要的影响。

9.2.6　再制造技术资料

技术资料是指将产品要求转化为保障所需的工程图样、技术规范、技术手册、技术报告及计算机软件文档等。它来源于各种工程与技术信息和记录，并用来保障产品使用、维修和再制造的一种特定产品。编写技术资料的目的是使工作人员在产品不同的状态条件下，按照规定明确的程序、方法和规范，来进行正确的使用、维修和再制造，并与备件供应、保障设备、人员管理、设施、包装、运输、计算机资料保障以及工程设计和质量保证等互相协调统一，以便使产品在全寿命周期中发挥最佳效能。

编写相关再制造保障的技术资料是一项非常烦琐的工作，涉及诸多专业。提交给再制造单位的各项技术资料文本必须充分反映寿命末端产品的技术状态和再制造的具体要求，准确无误，通俗易懂。由于产品的研制是不断完善的过程，而使用是一个长期连续的过程，因此反映再制造工作的技术资料，也必须进行不断的审核与修改，并执行正式的确认和检查程序，以确保技术资料的正确性、清晰性和确定性。

技术资料的编制过程是收集资料、加以整理并不断修订和完善的过程。在方案阶段初期，应提出资料的具体编制要求，并依据可能得到的工程数据和资料，在方案阶段后期开始编制初始技术资料。随着产品研制的进展，相关再制造的技术资料也应不断细化，汇编出的文件即可应用于有关再制造保障问题的各种试验和鉴定活动、保障资源研制和生产以及再制造生产等方面。应用技术资料的过程也是验证与审核其完整性和准确性的过程。对于文件资料中的错误要记录在案，通过修订通知加到原来的文件资料中。此外，当产品、再制造保障方案及各类保障资源变动时，技术资料也应根据要求及时修订。

图 9-4 所示为技术资料的编写过程。产品使用后，随着使用、再制造实践经验的积累以

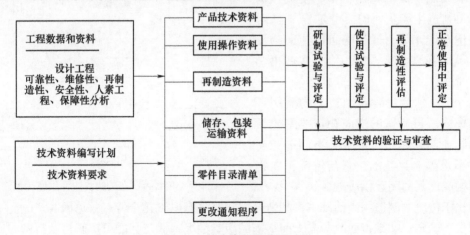

图 9-4　技术资料的编写过程

及产品及其零部件的修改，对再制造资料要及时修改补充。通过不断应用，不断检查和修订，最终得到高质量的技术资料。

9.3　再制造管理设计

9.3.1　再制造管理的内容

在产品再制造的全部工程活动中，为了实现再制造工程的目标，应当运用现代管理科学理论和方法对产品再制造工作进行政策指导、组织、指挥和控制，协调再制造过程中人员及部门之间的关系，以及人力、财力、物力的合理分配，对再制造过程各个环节进行预测、调节、检验和核算，以求实现最佳的再制造效果和经济、环境效益。再制造管理的最终目的是科学地利用各种再制造资源，以最低的资源消耗，恢复或升级产品的性能，满足产品新的寿命周期使用要求。因此，再制造管理可以定义为：以产品的再制造为对象，以高新技术和理念为手段，以获取最大经济和环境效益为目的，对产品多寿命周期中的再制造全过程进行科学管理的活动[9]。

再制造活动位于产品寿命周期中的各个阶段，对其进行科学的管理能够显著提高产品的利用率，缩短再制造生产周期，满足产品个性化需求，降低生产成本，减少废物排放量。根据产品中再制造活动时间和内容的特点，可以将再制造管理分为三个阶段：产品设计阶段的再制造性管理、产品使用阶段的再制造信息管理及退役后所有再制造活动的管理。每个阶段的再制造管理在时间上相互独立，在内容上相互联系补充。

9.3.2　再制造逆向物流管理

逆向物流是指产品从一定的渠道中由消费者向资源化商（可能是原生产商，也可以是专门的处理商）流动的活动。它包含投诉退货、终端退回、商业退回、维修退回、生产报废以及包装六大类。

再制造逆向物流是逆向物流的重要组成部分，它是指以再制造生产为目的，为重新获取废旧产品的利用价值，使其从消费地到再制造生产企业的流动过程[10]。对于再制造企业来说，通过完善的逆向物流体系获得足够的生产"毛坯"是实施再制造的生命线。

图 9-5 所示为包含再制造的物流闭环供应链模式。再制造的逆向物流体系包括了逆向物流与再制造产品流。再制造逆向物流并不是孤立存在的，它与传统正向物流共同构成产品的闭环供应链。

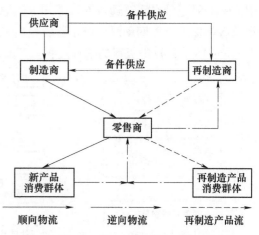

图 9-5　包含再制造的物流闭环供应链模式

相比于传统的制造物流活动，再制造逆向物流具有以下几个特点：①回收产品到达的时间和数量不确定；②维持回收与需求间平衡的困难性大；③产品的可拆解性及拆解时间不确定；④产品可再制造率不确定；⑤再制造加工路线和加工时间不确定；⑥对再制造产品的销售需求不确定。

再制造逆向物流具有的不确定性，加大了对其管理的难度，有必要优化控制再制造生产活动的各环节，以降低生产成本，保证产品质量。例如通过研究影响废旧产品回收的各种因素建立预测模型，以估计产品的回收率、回收量及回收时间；研究新的库存模型以适应再制造生产条件下库存的复杂性；研究新的拆解工具和拆解序列以提高产品的可拆解性和拆解效率；研究废旧产品的剩余寿命评估技术和评价模型以准确评价产品的可再制造性等。

根据再制造逆向物流流程特点，对再制造逆向物流的管理主要包括以下几个主要环节。

（1）回收　回收是指用户将所持有的废旧产品通过有偿或无偿的方式返回收集中心，再由收集中心运送到再制造工厂的活动。这里的收集中心可能是供应链上的任何一个节点，如来自用户的退役产品可能返回到上游的供应商、制造商，也可能是下游的配送商、零售商，还有可能是专门为再制造设立的收集点。回收通常包括收集、运输、仓储等活动。

（2）初步分类、储存　根据产品结构特点以及产品和各零部件的性能，对回收产品进行测试分析，并确定可行的处理方案，主要评估回收产品的可再制造性。经评估后退役产品大致分为三类：整机可再制造、整机不可再制造、核心部件可再制造。对产品核心部件可再制造的要进行拆解，挑选出可再制造部件，然后将可再制造和不可再制造的产品及部件分开储存。对回收产品的初步分类与储存，可以避免将无再制造价值的产品输送到再制造企业，减少不必要的运输，从而降低运输成本。

（3）包装、运输与仓储　回收的废旧产品一般具有污染环境的特点，为了装卸搬运的方便，并防止产品污染环境，要对回收产品进行必要的捆扎、打包和包装。对回收产品的运输，要根据物品的形状、单件重量、容积、危险性、变质性等选择合理的运输手段。对于原始设备制造商的再制造体系，由于再制造生产的时效性不是很强，因此可以利用新产品销售的回程车队运送回收产品，以节约运输成本。

9.3.3　再制造生产管理

再制造生产管理是在完成废旧产品再制造加工任务过程中，具体协调人员、时间、现场、器材、能源、经费等相关作业要素实现作业目标的管理活动，是产品再制造管理中最核心的内容。

再制造活动的内容包括收集（回收、运输、储存）、预处理（清洗、拆解、分类）、回收可重用零件（清洗、检测、再制造加工、储存、运输）、回收再生材料（破碎、材料提取、储存、运输）、废弃物管理等活动。一般包括以下几个阶段：收集→拆解→检测/分类→再加工→再装配→检测→销售/配送。这几个阶段在传统的制造业也有体现，但是在再制造领域，它们的角色和特性发生了巨大变化，原因就是再制造本身具有不确定性的特点，即回收产品的数量、时间和质量（如损耗程度、污染程度、材料的混合程度等）的不确定性。在再制造过程中，这些参数不是由系统本身所决定的，它受外界的影响，因此很难进行预测。影响再制造生产管理的特点可总结为六点：回收产品到达的时间和数量不确定；平衡回收与需求的困难性；回收产品的可拆解性及拆解效率不确定；回收产品可再制造率不确定；

再制造物流网络的复杂性；再制造加工路线和加工时间不确定。

再制造生产管理与新品制造管理的区别主要在于供应源的不同。新品制造是以新的原材料作为输入，经过加工制成产品，供应是一个典型的内部变量，其时间、数量、质量是由内部需求决定的。而再制造是以废弃产品中那些可以继续使用或通过再制造加工可以再使用的零部件作为毛坯输入，供应基本上是一个外部变量，很难预测。因为供应源是从消费者流向再制造商，所以相对于新品制造活动，具有逆向、流量小、分支多、品种杂、品质参差不齐等特点。

与制造系统相比较，由于再制造生产具有更多的不确定性，包括回收对象的不确定性、随机性、动态性、提前期、工艺时变性、时延性和产品更新换代加快等，因此带来了许多特殊的管理问题。加上用户要求越来越多，选择性产品和零件增加，再制造者必须寻求更为柔性的工艺方法，而不是常规的制造方法。供应的不确定性是再制造生产与新品制造活动之间的主要区别。传统的生产/销售体系不存在"拆解/检测"这一环节，物流的最终目标是确定的；而再制造生产则不可缺少"拆解/检测"这一环节，并且物料的去向由其自身状态决定，具有更大的不确定性。从生产方面比较，再制造的具体步骤与旧产品的个体状态直接相关，这加大了生产计划的制订、生产路线的设计、仓储等的复杂性；从销售上比较，需求的不确定性是再制造产品市场相对于传统市场的主要区别。再制造产品市场的不完善及人们对再制造产品接受程度的差异，都影响了再制造产品的销售。

9.3.4 再制造质量管理

再制造产品的质量也是再制造管理工作质量的反映，要有高的再制造产品质量必须要有高的再制造管理工作质量，以及科学的再制造决策。现代产品对再制造质量管理提出了更高的要求。产品越先进，功能越多，结构越复杂，对再制造的要求越高。复杂产品退役后的再制造不仅要有相应的技术条件，而且还必须有一套科学的质量管理方法。

再制造质量管理是指为确保再制造产品生产质量所进行的管理活动，也就是用现代科学管理的手段，充分发挥组织管理和专业技术的作用，合理地利用再制造资源以实现再制造产品的高质量、低消耗[11]。再制造质量管理在具体的要求和实现措施上更加具有目的性。实际上，质量管理的思想来源于产品质量形成需求，再制造过程同样是产品的生产过程，再制造后产品的质量与制造的新产品相似，是通过再制造活动再次形成的。

再制造使用的生产原料是情况复杂的废旧产品，因此再制造过程比制造过程更为复杂，生成的再制造产品质量具有更加明显的波动性，同一产品在不同时期进行再制造也会使得再制造质量存在着客观的差异。因此，再制造质量的波动性是客观存在的，了解再制造质量波动的客观规律，能够对再制造产品质量实施有效的管理。

再制造生产过程中质量管理的主要目标是确保反映产品质量特性的那些指标在再制造生产过程中得以保持，减少因再制造设计决策、选择不同的再制造方案、使用不同的再制造设备、不同的操作人员以及不同的再制造工艺等而产生的质量差异，并尽可能早地发现和消除这些差异，减少差异的数量，提高再制造产品的质量。

9.3.5 再制造器材管理

再制造器材是指再制造装配时所需的各种零部件（包括采购件、直接再利用件和再制造后可利用件）及各种原材料等，如备件、附品、装具、原材料、油料等，是实施产品再制造工作的基本物质条件。再制造过程中所需器材主要包括两类：一是再制造产品装配中所需的各种零部件，这些零部件主要有两个来源，首先是废旧产品中可直接利用件和再制造加工修复件，其次是从市场采购的标准件，以替代废旧产品中无法再制造或不具备再制造价值的零部件；二是再制造拆解、清洗、检测、再制造加工过程中所需的各种原材料，如用于失效件再制造喷涂加工的金属粉末和用于废旧件清洗的清洗液等原材料。再制造器材管理，是组织实施产品再制造器材计划、筹措、储备、保管、供应等一系列活动的总称，是提高产品再制造效益的重要保证，具有十分重要的意义。

再制造器材管理的基本任务，就是根据产品数量及其技术状况、器材消耗规律、经济条件和市场供求变化趋势等，运用管理科学理论与方法，对器材的筹措、储备、保管、供应等环节进行计划、组织、协调和控制，机动、灵活、快速、有效地保障产品再制造所需的器材。

再制造器材计划管理的基本任务，就是掌握器材供需规律，不断发现和解决不同类型废旧产品再制造器材供应和需求之间的矛盾，搞好器材的供需平衡，合理分配和利用器材资源，在保障产品再制造所需器材的前提下，不断提高经济效益。

9.3.6 再制造信息管理

再制造信息是指经过处理的，与再制造工作直接或间接相关的数据、技术文件、定额标准、情报资料、条例、条令及规章制度的总称。当然，严格地说，信息是指数据、文件、资料等所包含的确切内容和消息，它们之间是内容和形式的关系。其中，尤以数据形式表达的信息，是管理中应用最为广泛的一种信息，再制造管理定量化，离不开反映事物特征的数据。因此，经过加工处理的数据，是最有价值的信息。在管理工作中往往将数据等同于信息，将数据管理等同于信息管理，不过，信息管理是更为广义的数据管理。

废旧产品再制造信息以文字、图表、数据、音像等形式存入书面、磁带（盘）、光盘等载体中，其基本内容有公文类、数据类、理论类、标准类、情报类、资料类等。

再制造信息管理是再制造企业在完成再制造任务过程中，建立再制造信息网络，采集、处理、运用再制造信息所从事的管理活动。产品再制造管理要以信息为依据，获得的信息越及时、越准确、越完整，越能保证再制造管理准确、迅速、高效。在产品全系统全寿命管理过程中，与产品再制造有关的信息种类繁多，数量庞大，联系紧密，必须进行有效的管理，才能不断提高产品再制造水平，并及时将再制造信息反馈到产品的设计过程。

再制造信息管理的基本要求是：建立健全产品再制造业务管理信息系统；及时收集国内外产品再制造过程中的技术信息；组织信息调查，对反映再制造各环节中的基本数据、原始记录、检验登记进行整理、分类、归档；信息数据准确，分类清楚，处理方法科学、系统、规范；信息管理应逐步实现系统化、规范化、自动化。

信息管理的工作流程包括信息收集、加工处理、储存、反馈与交换以及对信息利用情况的跟踪。信息的价值和作用只有通过信息流程才能得以实现，因此，对信息流程的每一环节都要实施科学的管理，保证信息流的畅通。图 9-6 所示为简化的信息流程图。

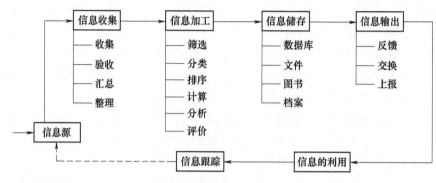

图 9-6 简化的信息流程图

9.4 再制造设计创新理论与方法

再制造设计是实现最优化产品再制造的重要内容，也是国内外再制造领域的重要研究内容，对提升再制造生产效益具有重要作用。随着产品设计理论和再制造生产技术与模式的发展，再制造设计在理论与方法方面都有所创新发展。

9.4.1 产品再制造设计的理论创新

再制造在产品寿命周期中的应用，对产品的自身发展模式和内容带来了深刻的变化和影响：①改变了传统的产品单寿命周期服役模式；②新增了产品设计阶段的再制造属性的设计；③再制造生产过程是一个全新的过程，三者都需要通过再制造设计的理论创新来进行系统考虑[12]。

1. 基于再制造的产品多寿命周期设计理论

传统的产品至报废后，就终止了它的寿命周期，属于单寿命周期的产品使用。通过对废旧产品的再制造，可以从总体上实现产品整体的再次循环使用，进而通过产品的多次再制造来实现产品的多寿命服役周期使用。产品的多寿命周期使用是一种全新的产品服役模式，相对于传统的单寿命周期服役模式，存在着许多不同的设计要求。因此，再制造设计需要在产品研发的初次设计中，就考虑产品的多次再制造能力，建立基于再制造的产品多寿命周期理论，综合考虑产品功能属性的可持续发展性、关键零部件的多寿命服役性能或损伤形式的可恢复性，解决产品多寿命周期中的综合评价问题，形成基于再制造的产品最优化服役策略。

2. 产品再制造性设计与评价理论

传统的产品设计主要考虑产品的可靠性、维修性、测试性等设计属性，而为了提高产品寿命末端时易于再制造的能力，需要综合设计产品的再制造性，即在产品设计阶段就需要面向再制造的全过程进行产品属性设计，并及时对设计指标进行评价和验证，提升产品的再制造能力和再制造效率。因此，需要基于产品属性设计的相关理论与方法，建立新产品设计时其再制造性设计与评价理论，形成提升新产品再制造性的设计准则、流程步骤与应用方法。

3. 产品再制造工程设计理论

传统产品的寿命周期包括"设计-制造-使用-报废"，是一个开环的服役过程，而再制造实现了废旧产品个体的再利用，是传统产品寿命周期中未有的全新内容，需要对其生产工程过程进行系统考虑。废旧产品再制造工程过程包括废旧产品的回收、再制造产品的生产和销售使用三个阶段，是一项系统工程，需要采用工程设计的理论方法，综合设计优化废旧产品的逆向物流、生产方案、产品销售及售后服务模式等，形成最佳的再制造生产保障资源配置方案和再制造生产模式。因此，需要从产品再制造的全系统工程角度进行考虑，综合采用工程设计相关理论与方法，建立面向产品再制造的工程设计理论，形成再制造工程优化设计的方法与步骤。

9.4.2　再制造设计创新方法

1. 面向再制造的产品材料创新设计方法

再制造要求能够实现产品的多寿命周期使用，而产品零部件材料在服役中保持性能稳定是产品实现多寿命周期使用的基础。因此，产品材料的创新设计是面向再制造需要重点考虑的内容，包括以下几个方面：

（1）面向再制造的材料长寿命设计　传统的产品材料设计以满足产品的单寿命使用要求为准则，而再制造要实现产品的多寿命周期，需要设计时根据产品的功能属性、零部件服役环境及失效形式，综合设计关键核心件的使用寿命，选用满足多寿命周期服役性能的材料，或者选用的零部件材料在单寿命周期服役失效后便于进行失效恢复。

（2）面向再制造的绿色材料设计　再制造目标是实现资源的最大化利用和环境保护，要求在面向再制造进行材料设计时，需要综合考虑选用绿色材料，即在产品多寿命服役过程中或者在再制造过程中，尽量选用对环境无污染、易于资源化再利用或无害化环保处理的材料，促进产品与社会、资源、生态的协调发展。

（3）面向再制造的材料反演设计　传统的产品材料设计是由材料性能决定产品功能的正向设计模式，而再制造加工主要是针对失效零件开展的修复工作，首先是根据产品服役性能要求进行材料失效分析，推演出应具有的材料组织结构和成分，其次是选用合适的加工工艺将失效部件修复的过程。通过由服役性能向组织结构、材料成分和再制造加工工艺的反演过程，可以通过再制造关键工艺过程中的材料选择，来改进原产品设计中的材料选择缺陷，实现产品零部件材料性能的改进和服役性能的提升。

（4）面向再制造的材料智能化设计　针对产品服役全过程零部件的多模式损伤形式及其损伤时间的不确定性，可以采用材料的智能化设计技术。例如，在材料中通过添加微胶囊来自动感知零件运行过程中产生的微裂纹，并通过释放相应元素来实现裂纹的自愈合，从而实现零件损伤的原位智能不解体恢复，实现面向产品服役过程中的在线再制造。

（5）面向再制造的材料个性化设计　产品服役过程中环境条件的变化决定了再制造产品及其零部件损伤的多样化，因此，对于相同的零件其不同的损伤及服役状况，对其材料需要进行个性化设计，减少产品寿命末端时零部件的损伤率。例如，采用个性化的材料来避免不同服役环境下的零部件失效；通过个性化的再制造材料选用可以满足不同形式损伤件服役性能的个性化修复需求。

2. 面向再制造的产品结构创新设计方法

产品再制造生产能力的提高依赖于其结构的诸多特有要求，满足其生产过程中的拆解、清洗、恢复、升级、物流等要求，重点包括以下几个方面：

（1）产品结构的易拆解性设计　废旧产品的拆解是产品再制造的首要步骤，通过设计产品的拆解性，可以实现产品的无损和自动化拆解，显著提高老旧产品零件的再利用率和生产效益。而产品的易拆解性与产品的结构密切相关，因此，在新产品设计时，尽量采用可实现无损拆解的产品结构，进行模块化和标准化设计，并在拆解时设计支承和定位的结构，便于进行由产品→部件→组件→零件的拆解过程，实现产品易于拆解的能力[12]。

（2）产品结构的易清洗性设计　废旧零件清洗是再制造的重要步骤，也是决定再制造产品质量的重要因素，但通常设计的一些异型面或管路等复杂结构，会造成清洗难度大，费用高，清洁度低。因此，在产品设计时，需要进行易于清洗的产品结构和材料设计，要尽量减少不利于清洗的异型面，例如，减少不易于清洗的管状结构、复杂曲面结构等，有效保证再制造产品质量。

（3）产品结构的易恢复性设计　产品零部件在服役过程中将可能存在着各种形式的损伤，其结构的损伤能否恢复决定着产品的再制造率和再制造能力，因此在进行产品结构设计时，需要预测其结构损伤失效模式，并不断改进结构形式，尽量避免产品零部件的结构性损伤，并在一旦形成损伤的情况下，能够提供便于恢复加工的定位支承结构，实现零部件结构损伤的可恢复。

（4）产品结构的易升级性设计　当前技术发展速度快，出现了越来越多因功能落后而退役的产品，实现功能退役的产品再制造需要采用再制造升级的方式，即在恢复性能的同时，通过结构改造增加新的功能模块。因此，在产品设计时，需要预测产品寿命末端时的功能发展，采用易于改造的结构设计，便于产品在寿命末端时进行结构改造，嵌入新模块而提升性能。

（5）产品结构的易运输性设计　产品再制造的前提是实现老旧产品的收集并便于运输到再制造生产地点，并在生产过程中能够方便地在各工位进行转换。因此，在产品结构设计时，要尽量减少产品体积，提供产品或零部件易于运输的支承结构，避免在运输过程中有易于损坏的突出部位等。同时还要考虑产品零部件在再制造加工中各工位转换及储存时的运输性。

3. 面向再制造的产品生产创新设计方法

再制造生产包括拆解、清洗、检测、分类、加工、装配、测试等诸多工艺过程，需要综合进行全生产工程要素考虑来提升再制造效益，主要包括以下内容：

（1）再制造零部件分类设计　再制造分类是指对拆解后的废旧零件进行快速检测分类，先按照可直接利用、再制造利用、废弃分类，再将同类的零件进行存放或处理，快速简易的再制造分类能够显著提升再制造生产率。因此，在产品设计中，需要增加零件结构外形等易于辨识的特征或标识，例如，通过在产品零部件上设计永久性标识或条码，可以实现产品零部件材料类别、服役时间、规格要求等信息的全寿命监控，便于对零件快速分类和性能检测。

（2）绿色化再制造生产设计　产品再制造过程应属于绿色制造过程，需要减少再制造过程中的环境影响和资源消耗。因此，在再制造生产过程中设计中，要尽量采用清洁能源和可再生材料，选用节能节材和环保的技术装备，优化应用高效绿色的再制造生产工艺，采用更加宜人的生产环境，使得再制造生产过程使用能源更少，产生污染更少，节约资源更多，促进再制造生产过程为绿色生产过程。

（3）标准化再制造生产设计　再制造产品质量是再制造发展的核心，而保证再制造产品质量的管理基础是实现再制造生产的标准化。因此，通过完善建立再制造标准体系，设计实现再制造的标准化生产工艺流程，实现精益化的再制造生产过程，可以形成标准化的质量保证机制。

（4）智能化再制造生产设计　当前制造业向着数字化、网络化和智能化方向发展，再制造属于先进制造的内容，因此，通过系统的再制造生产设计，在再制造过程中也需要不断推进数字化和网络化技术设备应用，在再制造生产过程中采用更多的智能化、信息化、自动化生产和管理技术，设计实现智能化再制造生产，促进再制造效益的最大化。

9.5　机械产品再制造工程设计导则

为了促进机械产品再制造工程设计的开展，我国制定了国家标准《机械产品再制造工程设计　导则》（GB/T 35980—2018），该标准于 2018 年 2 月发布，于 2018 年 9 月执行，主要确定了机械产品再制造工程设计的原则、程序内容与方法，适用于再制造企业的机械产品再制造工程设计参考使用。该标准的主要内容如下[13]：

9.5.1　定义

再制造工程设计是指根据再制造生产要求，通过运用科学决策方法和先进技术，对再制造工程中的废旧机械产品回收、再制造生产及再制造产品市场营销等所有再制造环节、技术单元和资源利用进行全面规划，形成最优化再制造方案的过程。

9.5.2　基本原则

1. 全过程原则

面向再制造的全过程进行设计，主要包括废旧产品回收阶段、再制造生产阶段、再制造产品营销服役阶段，如图 9-7 所示。

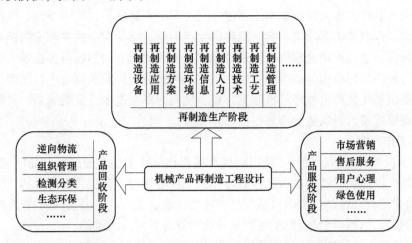

图 9-7　面向全过程的机械产品再制造工程设计阶段

2. 综合效益原则

1）应结合现有的技术手段、设备保障、再制造产品性能要求等进行最优化再制造工程设计。

2）对机械产品再制造工程进行技术性整体设计，使得在拆解、清洗、检测、加工、装配、包装等技术工艺上达到整体最优化。

3）机械产品再制造的经济性设计要求废旧机械产品再制造能获得最大的效益，并综合考虑机械产品再制造的设计、生产成本以及运输、储存等物流成本，考虑因机械产品再制造生产、经济活动对环境的污染而产生的综合费用等。

4）机械产品再制造的环境可行性要求进行废旧产品再制造加工过程和再制造产品使用所产生的影响小于原型新品生产和使用所造成的环境影响。

5）机械产品再制造资源设计要求尽量多的利用原废旧产品的资源和可再生资源。

3. 遵循法律法规原则

机械产品再制造工程设计应在法律法规和强制性标准框架内实施，如：

1）国际法规的限制性要求和责任。

2）国家政策法律、法规和强制性标准的要求。

3）技术标准和自愿协定。

4）其他相关要求。

4. 相关方要求原则

机械产品再制造工程设计应考虑相关方要求，如：

1）各方对原产品和再制造产品的有关权利要求。

2）市场或消费者的需求、发展趋势和期望。

3）社会和投资者的期望等。

4）其他相关要求。

9.5.3 工作程序及内容

1. 基本工作程序

机械产品再制造工程设计的基本工作程序为：基于产品图样及技术条件、生产纲领、相关法律及标准、再制造数据库等内容，以提高生产质量、降低生产成本和资源消耗、减少环境污染等为目标，通过运用合理的技术途径和工艺过程优化、辅助物料优选等方法，进行机械产品面向再制造的回收物流、再制造生产工艺、再制造管理及再制造产品的市场营销与服务等设计，提出最优化的机械产品再制造方案，从而为再制造企业发展规划、再制造生产方案、再制造保障方案、再制造管理等提供具体支持。

2. 主要工作内容

（1）废旧机械产品回收设计　废旧机械产品回收设计主要考虑废旧产品的回收、运输、仓储、分类等，以达到回收的最大经济效益和最小环境污染。其主要内容包括：

1）逆向物流：设计制订废旧机械产品回收模式与途径，确定必要的回收节点。

2）组织管理：设计制订废旧机械产品回收的管理方式及设置等。

3）检测分类：设计废旧机械产品回收中检测的节点位置及检测分类的标准与方法等。

4）生态环保：减少回收过程中产品损坏及对环境的污染，加强对物流包装材料的循环使用等。

（2）再制造生产过程设计　再制造生产过程设计主要根据再制造质量要求，优化设计建立再制造生产模式及工艺标准，提供可执行的再制造生产方案。其主要内容包括：

1) 拆解工艺：设计确定拆解流程、拆解步骤、拆解工具及场所等内容。

2) 清洗工艺：设计确定清洗部位、清洗工艺流程、清洗质量标准、清洗设备及场所等内容。

3) 检测工艺：设计确定检测部位、检测工艺流程、检测质量标准、检测设备及场所等内容。

4) 机械加工工艺：设计确定机械加工面、加工技术标准、加工设备及场所等内容。

5) 表面技术工艺：设计确定表面技术恢复或性能升级的零件部位、工艺流程、技术标准、设备材料及场所等内容。

6) 装配工艺：设计确定再制造产品装配流程、装配标准、装配设备及场所等内容。

7) 涂装工艺：设计确定再制造产品涂装部位、涂装流程、涂装标准、涂装设备材料及场所空间等内容。

8) 工厂布局：设计确定再制造车间布局、设备布局、工位布局、生产线布局等内容方案。

（3）再制造管理方案设计　应根据再制造产品的质量要求及再制造生产过程的特点，统筹规划并设计、制订合理可行的再制造管理方案。其主要内容包括：

1) 质量管理：设计确定不同再制造过程及产品的质量管理标准等。

2) 生产管理：设计确定再制造生产过程的管理内容、人员及方案等。

3) 信息化管理：设计确定再制造全过程中废旧产品数量、生产产量规划、生产技术、质量标准、人员、设备、备件等相关信息的统计及管理。

4) 设备管理：设计确定再制造生产设备的使用、维护、维修等管理方案。

5) 人员管理：设计确定再制造人力资源管理体系及方法等。

6) 安全管理：设计确定面向再制造全过程的场地、设备、人员等安全管理体系。

7) 环境保护管理：设计确定面向环境保护的生产、设备、资源等清洁生产管理体系。

8) 产品标识管理：设计确定产品标识及信息的标注及统计管理方法。

（4）再制造产品营销与服务设计　需研究再制造产品的市场需求、用户对再制造产品的预期、再制造产品的营销、服务等内容，提高再制造产品效益及市场竞争力。其主要内容包括：

1) 市场营销：确定再制造产品营销方案及策略，并引导再制造产品的绿色消费。

2) 服务模式：确定面向再制造产品的服务方案。

3) 用户分析：预测确定用户对产品的需求预期，设计满足用户需求的产品服务方案。

4) 绿色化：以绿色为目标，设计确定产品的销售、使用、保障等过程的绿色化实施方案。

（5）综合评价　可根据机械产品再制造工程需要，参考相关方法进行评价。

参 考 文 献

[1] 姚巨坤，时小军. 废旧产品再制造工艺与技术综述 [J]. 新技术新工艺，2009 (1)：4-6.

[2] 时小军，姚巨坤. 再制造拆装工艺与技术 [J]. 新技术新工艺，2009 (2)：33-35.

［3］崔培枝，姚巨坤．再制造清洗工艺与技术［J］．新技术新工艺，2009（3）：25-28.

［4］姚巨坤，崔培枝．再制造检测工艺与技术［J］．新技术新工艺，2009（4）：1-4.

［5］姚巨坤，崔培枝．再制造加工及其机械加工方法［J］．新技术新工艺，2009（5）：1-3.

［6］姚巨坤，崔培枝．再制造产品涂装工艺与技术［J］．新技术新工艺，2009（11）：1-3.

［7］朱胜，姚巨坤．再制造设计理论及应用［M］．北京：机械工业出版社，2009.

［8］姚巨坤，时小军，崔培枝．装备再制造工作分析研究［J］．设备管理与维修，2007（3）：8-10.

［9］崔培枝，姚巨坤．面向再制造全过程的管理［J］．新技术新工艺，2004（7）：17-19.

［10］向永华，姚巨坤，徐滨士．再制造的逆向物流体系［J］．新技术新工艺，2004（6）：16-17.

［11］姚巨坤，杨俊娥，朱胜．废旧产品再制造质量控制研究［J］．中国表面工程，2006，19（5+）：115-117.

［12］朱胜．再制造技术创新发展的思考［J］．中国表面工程，2013，26（5）：1-5.

［13］全国绿色制造技术标准化技术委员会．机械产品再制造工程设计 导则：GB/T 35980—2018［S］．北京：中国标准出版社，2018.